H+

FUTURIST RENAISSANCE
LE AVANGUARDIE VIRTUOSE

a cura di
Roby Guerra e Pierfranco Bruni

EDIZIONI HYPERION

ISBN-13: 978-1981141487
ISBN-10: 1981141480

COPYRIGHT © 2018 DI ASSOCIAZIONE HYPERION
Tutti i racconti inclusi nella presente antologia sono di proprietà dei rispettivi autori.

Editing e impaginazione: SOL, Victoria Ramelli e Associazione Hyperion.

In copertina: About life © Livia Viganò
info@liviavigano.com

PRIMA EDIZIONE, MARZO 2018

Gli scrittori di fantascienza sono i veri filosofi del XX secolo.
Marvin Minsky

Il mezzo di lavoro percorre diverse metamorfosi, di cui l'ultima è la macchina o, piuttosto, un sistema automatico di macchine (sistema di macchine; quello automatico è solo la forma più perfetta e adeguata del macchinario, che sola lo trasforma in un sistema), messo in moto da un automa, forza motrice che muove se stessa; questo automa consistente di numerosi organi meccanici e intellettuali, in modo che gli operai stessi sono determinati solo come organi coscienti di esso.
Karl Marx

Con quattro parametri posso descrivere un elefante e con cinque posso fargli muovere la proboscide.
John von Neumann

Ai folli. Agli anticonformisti, ai ribelli, ai piantagrane, ai pioli rotondi nei buchi quadrati, a tutti coloro che vedono le cose in modo diverso – non amano le regole... perché solo coloro che sono abbastanza folli da pensare di poter cambiare il mondo lo cambiano davvero.
Steve Jobs

L'*idiot littré*, una specie che alligna fra gli artisti e gli scrittori: lo studioso di Shakeaspeare che non ha mai letto una pagina di Darwin, il poeta che non è capace di stare ad ascoltare un neurologo senza addormentarsi.
H. M. Enzensberger

Abbiamo modificato così radicalmente il nostro ambiente che adesso dobbiamo modificare noi stessi per sopravvivere nell'ambiente nuovo.
Norbert Wiener

INDICE

Futurismo come racconto (Incontro)
prefazione in libertà, di Vitaldo Conte   9

La bellezza futurista della macchina
di Adriano V. Autino   21
La musica delle reti
di Stefano Balice   26
Big Data: fare i conti col futuro
di Lorenzo Barbieri   30
Futurismo nel futuro
di Sandro Battisti   33
Futurismo, profezia e futuro anteriore
di Pierfranco Bruni   42
Scimmie che volano su Marte
di Ivan Bruno   47
La vexata quaestio dei rapporti tra futurismo e totalitarismo
di Riccardo Campa   51
L'immagine elettronica
di Tonino Casula   63
The arabian futurism
di Pierluigi Casalino   66
Transumanesimo magico
di Ada Cattaneo   69
Metateismo e futurismo
di Davide Foschi   74
Libertà e responsabilità: le virtuose radici del futuro
di Sergio Gessi   78
Arte e neuroscienze verso un'estetica scientifica?
di Roberto Guerra   89
Transhumanist man in the future
di Zoltan Istvan   92

Le nuove avanguardie futuriste
di Roberto Paura 100

Transumanesimo e paleobioetica
di Emmanuele Pilia 105

Le scie delle comete
di Cristiano Rocchio 109

Marinetti e il sogno del volo: Verso il turismo spaziale
di Gennaro Russo 126

ReTEale: il virtuale è più reale del reale
di Antonio Saccoccio 134

Le avanguardie virtuose: L'arte come metodo di indagine spirituale
di SOL 137

Manifesto dell'arte digitale mobile
di Marco e Vitaliano Teti 142

La tecnoscienza farà di noi dei cyborg o ci spingerà verso nuove forme di consapevolezza?
di Bruno V. Turra 144

Marinetti. Il futuro che chiama dal passato
di Stefano Vaj 159

La bionica come moda
di Maurizio Ganzaroli 163

Science, futurism and transhumanism in the present world
intervista a Sean Clancy 167

Nebbia
postfazione in libertà, di Giovanni Tuzet 170

Note Biografiche 178
Nota dei curatori 196

FUTURISMO COME RACCONTO (INCONTRO)

prefazione in libertà, di Vitaldo Conte

"*Noi, del Futurismo, siamo i primitivi di una nuova sensibilità. Siamo l'amore del pericolo, l'abitudine all'energia, il coraggio, la ribellione*"
(F.T. Marinetti)

INCONTRO INVISIBILE

Nel salone affollato della Casa della Cultura iniziò il convegno sul tema *"Futurismo, cent'anni dopo"* con la partecipazione di diversi relatori, quasi tutti professori universitari. V, avvicinandosi il momento del suo intervento, fu colto da un indicibile malessere. Era causato dalla mancanza di qualcosa che da tempo non riusciva più a ritrovare dentro di sé. Avvertiva che questo qualcosa voleva rivivere sotto altre spoglie. Anche attraverso una energia-immagine invisibile che potesse viaggiare oltre i tempi e gli spazi comunemente assegnati dalla mente: per proporsi ai suoi occhi come un estremo gioco di seduzione. La circostanza in cui si ritrovava, in quel momento, gli rinnovava la condizione di disagio, che si amplificò con le parole usate dall'introduttrice nell'atto di presentarlo al pubblico:

«Vi presento il professor... un attento studioso del Futurismo ma anche un artista di ricerca. Sono sicura, conoscendolo, che animerà i nostri cuori con il ricordo del Futurismo che compie in questi giorni cento anni.»

«*Ti spennerei con piacere, insipida gallina*» mormorò V dentro di sé, considerando che questa si ritrovava a essere lì solo perché aveva dispensato le sue grazie in passato a uomini di potere.

«Non sono venuto qui come un critico d'arte o un docente. Sono semplicemente qui come un amante del Futurismo» esordì V con fervore. «Lo sono da quando ero studente universitario, con i miei professori che, considerando pericolosa l'energia di questo movimento, si mostravano diffidenti verso di me che dichiaravo il mio interesse verso la sua mistica d'azione. Questa per me significava, come ancora significa oggi, bellezza della vita, intesa come arte attraverso le sue azioni protese fino alla visionarietà. Rieccheggiano, in tal senso, le parole di Marinetti: "Ci vogliono dei pazzi! Andiamo a liberarli! Oh pazzi, oh fratelli nostri amatissimi, seguitemi!".»

V alzò gli occhi dal foglio, all'improvviso, per guardare la reazione degli ascoltatori che aveva davanti. La sala era ancora più affollata: c'erano persone persino ai lati dei corridoi in piedi. Ma la porta aperta d'ingresso, alla fine della sala, risplendeva di una luce chiara, quasi accecante, che si differenziava dalla poca luminosità dell'ambiente in cui parlava. Quella porta aperta divenne, per un attimo, l'entrata in una dimensione tra il mistico e l'incorporeo: sembrava che non fosse soggetta alle dimensioni del tempo e dello spazio. Era aperta ai giochi di luce e d'incontro con il suo inesprimibile scenario.

Il suo improvviso silenzio, causato dall'inaspettata visione, durò qualche attimo, che probabilmente fu recepito dall'uditorio come una possibile pausa di riflessione prima di riprendere il discorso.

«Convertirsi al Futurismo può significare sposare la sua innocente crudeltà, che vuole recidere ogni stagnazione dell'atto creativo per osare fino all'impossibile, senza fermarsi davanti a nessun ostacolo» riprese, con slancio. «Il "creare vivendo" di Marinetti può divenire oggi una narrazione d'arte che ricerca la sfida e la giovinezza dell'espressione, anche per opporsi naturalmente alle normalizzazioni sociali

che tendono a spegnere la vitalità dell'essere.»
Considerò che lo stato, appeno descritto, coincideva con il momento che stava vivendo nella sua esistenza.

V rialzò gli occhi dal foglio per guardare di nuovo davanti, verso la porta aperta. Era sempre illuminata, forse in maniera meno intensa. Gli sembrò, per un attimo, venirgli incontro una grande sagoma bianca con riflessi violacei che l'avvolgevano come se fossero stati dei cerchi concentrici. Indossava una tuta robotica che intuiva essere morbidamente leggera, aderente come una calzamaglia.

«*Ciao, finalmente ci incontriamo, amico mio*» credette di ascoltare a un certo punto. La presenza gli sussurrava le parole attraverso rarefatti echi di rumore meccanico.

V avrebbe voluto rispondergli, ma doveva continuare a leggere il suo testo. Abbassò gli occhi per dare l'impressione a chi lo ascoltava che stava riflettendo sul discorso. Ma la sua mente desiderava relazionarsi con l'immagine bianca che aveva intravisto. Si stava ponendo il problema di come potesse realizzare il contatto. Avvertiva che non sarebbero state le parole o le segnaletiche convenzionali i mezzi idonei per rapportarsi con questa. Doveva entrare in un'ambientazione espressa da un continuo rimando di riflessi che mutavano nel gioco. Questo era costituito da luci, immagini, rumori che, pur non essendo prevedibili, potevano divenire una propria proiezione.

«La bellezza, che sprigiona un'azione della vita come arte, è già un dono di per se stessa.» Tornò a parlare con naturalezza. «Può essere celebrata anche attraverso la distruzione: per questo i Futuristi amavano definirsi mistici dell'azione.»

Per un attimo staccò lo sguardo dal foglio per riguardare avanti. La sagoma bianca si era un po' dileguata, o meglio gli sembrò che si muovesse lievemente sospesa nel vuoto, a un angolo, come se nuotasse in una dimensione in bilico tra il sogno e il gioco virtuale. Ripeteva, infatti, fissandolo, un movimento ruotante che gli sembrava un invito a relazionarsi. V istintivamente mosse una mano verso di lei, come se possedesse lo strumento adatto per farlo.

L'applauso finale al suo intervento, soprattutto da parte dei giovani, riportò V alla situazione in cui si trovava. Il convegno sul Futurismo, a cui partecipava, era stato organizzato appunto per il centenario del suo manifesto. Ma parlare su questo movimento da professore e critico d'arte – come trovava scritto nei manifesti – era stato un mezzo per fargli emergere, con imprevedibile violenza, il suo indicibile malessere. Nel grigiore della sua quotidianità avvertiva la necessità di altro: desiderava di nuovo il fuoco della vita come creazione.

Il suo sguardo cercò, prima di allontanarsi dalla sala in cui si trovava, ormai quasi vuota, l'immagine bianca che aveva visto in precedenza. Ma non scorse nulla. Gli sembrò però di essere scrutato da uno sguardo invisibile, nascosto dietro un panneggio rosso a metà della sala. Lo fissava beffardo, sapendo che non poteva vederlo neanche nello schermo dell'invisibile-x con cui si era prima rapportato. Ciò indispettiva V, perché riteneva che volesse giocare con lui in maniera non paritaria. Però continuava ad avvertire dove si trovava quella presenza assente, anche se non era più visibile nella sua invisibilità. Smise di cercarla, anzi chiuse per reazione il collegamento.

«*Se vuole entrare in contatto con me deve smettere di giocare a nascondino*» pensò.

Con quest'idea abbandonò il luogo delle sue invisibili visioni.

INCONTRO CON GUIDO K

V, uscito dalla sala del convegno, s'immerse nell'oscurità della sera. I suoi passi rintoccavano sul marciapiede con un rumore-ritmo che gli sembrò comporsi in una sinfonia dagli imprevedibili rumori. Avevano la loro scansione in una dimensione pulsionale di emozioni, desideri che lui stesso determinava sulla tastiera del pensiero. Questo diveniva schermo e danza per le sue dita, che cercavano lo strumento per il contatto-x. Quello che aveva intuito nel colloquio con la presenza bianca percepita nel convegno.

Un pensiero improvviso lo riportò alle parole della sua relazione. Incominciava ad avvertire l'irrequietezza dell'esistenza come avventura. Pensò, per collegamento naturale, a Guido Keller che ricercava, dopo l'esperienza di Fiume, emblema di libertà, una nuova Città di Vita: un luogo abitato solo da artisti, esteti, avventurieri.
Pensò che Guido K, volando oltre i limiti del quotidiano, aveva incarnato il senso della libertà assoluta. Gli sembrò di riconoscere il suo sorriso beffardo che lo fissava, con complicità, come per spingerlo all'azione, ancora.
Mentre rifletteva su ciò, sentì, sempre più assordante, il suono di una sirena di una macchina. Sembrava essere la colonna sonora del suo tumulto emozionale, che possedeva una piacevole violenza. Era la macchina dei pompieri che considerò istintivamente, in quel momento, un segnale-suono d'incoraggiamento per il suo stato emozionale. Gli ritornarono in mente le parole di Marinetti: "E vengano dunque, gli allegri incendiari dalle dita carbonizzate! Eccoli! Eccoli! Suvvia! Date fuoco agli scaffali delle biblioteche! Grandi poeti incendiari, fratelli miei futuristi!". Questo richiamo lo fece sentire ebbro di una felicità arrogante, che vedeva il fuoco assurgere a espressione di arte e visionarietà purificatrice.

Canticchiò poco dopo, continuando a passeggiare, delle parole che gli uscirono spontaneamente dalla bocca: «Voglio volare nella notte sopra questa mia vita grigia.»
Camminando verso casa rivide balenare davanti allo sguardo il sorriso e il ciuffo ribelle di Guido K. Il suo volto era staccato dal resto del corpo. Gli sorrideva con simpatia, facendogli un cenno con il dito medio della mano destra. Ma appena si avvicinava a lui, questo si allontanava, continuan-

do a muovere il dito come invito e anche a mo' di sfida. Stava diventando divertente questo viaggio e colloquio tra di loro. All'improvviso scomparve come visione, ma, dopo qualche attimo di silenzio, V sentì alle sue spalle un riso scrosciante. Si voltò di scatto ma non c'era nessuno. Comprese allora che era Guido K a ridere: non di lui, ma per giocare con lui.

V constatò con ironia che Guido K – il quale in vita allevava aquile e gufi, dormendo in piedi sugli alberi – era ora sospeso in un cielo notturno.

Cercò di volare anche lui ma non gli riuscì fisicamente, però la sua mente voleva fluttuare oltre ogni ragionamento di statica. Pensò anche al volo temerario di Keller su Roma con i suoi lanci di rose bianche, rosse e con il pitale sul Parlamento. Questo pensiero lo fece ridere a crepapelle. Una parte di lui si sollevò, facendolo volare con un mantello bianco di acciaio che lo rendeva forse invisibile. V seguiva la sua parte umana, quella rimasta a terra che camminava verso casa. E allora si ricordò della presenza robotica evanescente, quella che aveva intravisto prima nella sala della conferenza, trovando dei collegamenti con il suo volo d'immagine.

V pensò che anche lui poteva diventare una presenza visibile nell'invisibile x.

«*Sono anch'io così, come Guido K*» disse a se stesso. «*Una presenza ondeggiante tra il visibile e l'invisibile.*»

Era felice di poter concepire che una parte di lui potesse volare, proprio quando era ormai vicino all'ingresso del portone di casa. Questa sua parte gli suscitò un po' di tenerezza, vedendola soggetta alle logiche delle distanze: gli sembrò indifesa verso gli imprevisti dell'invisibile. Però, all'improvviso, si ritrovò tutto terrestre, con la sua parte volante ormai dileguata.

«*Ho sognato a occhi aperti o era solo una prima prova di volo nell'invisibile-x?*» considerò V.

Mosse allora istintivamente la mano destra per sintonizzarsi con un congegno di contatto, che però non possedeva ancora. Si ricordò allora di ciò gli era già capitato durante il suo intervento alla conferenza. Si ritrovò in mano solo la chiave per aprire il portone dell'ingresso.

Entrando dentro casa, questa, prima che accendesse la luce, gli sembrò un'ambientazione di ombre e luccichii. Chiuse la porta, rimanendo al buio per vivere maggiormente i suoi interiori stati nell'ambiente. Ritenne che era strano, pur vivendo in quel luogo da anni, che solo in quel momento sentisse la necessità, ma anche il piacere, di voler vivere lì come ombra e vibrazione.

Questo pensiero gli diede un piacere intimo a cui non era abituato. Continuò a camminare nei corridoi della casa, al buio, ascoltando solo il suo intuito e la lettura delle ombre. A un tratto, sentì una presenza dietro di lui, che non gli procurò alcun timore, anzi ne desiderò un qualche possibile colloquio. Sulla sua mano protesa avvertì un brivido che si amplificò fino al braccio. Era un brivido freddo, che gli fece venire la pelle d'oca, inspessendola in un modo che non la rendeva umana. Questo contatto gli causò un po' di fastidio a livello epidermico. Quando era sul punto di interromperlo, avvertì, dietro il collo, vicino all'orecchio, un dolce e insinuante bacio.

«Ti ho ritrovata!» esclamò d'istinto, senza sapere a chi si rivolgesse, pur avvertendo che questa presenza era femminile.

V comprese allora che la sua alchimia di vita voleva esistere fra il sogno, la visionarietà e la realtà quotidiana.

INCONTRO TRANSFUTURISTA

V, camminando il giorno dopo in un'affollata piazza, incontrò un ragazzo filiforme, ma nello stesso tempo muscoloso, che lo guardava. Aveva la testa rasata, segnata a metà da una piccola cresta di capelli biondi. Lo fissava attraverso i suoi occhi allungati, un po' allucinati, che lo facevano assomigliare a una creatura aliena. Forse era davvero un essere di un altro pianeta.

Questo, avvicinandosi, lo fermò.

«Buona sera professore, mi scusi se lo fermo per strada. L'ho ascoltata ieri al convegno sul Futurismo. Mi piacerebbe, se possibile, poter scambiare qualche opinione con lei. Ho trovato giuste molte delle sue osservazioni. A noi giovani le parole dei professori e critici in genere stancano, non sono per noi.»

«Pensi che oggi i professori e i critici non comprendono appieno il Futurismo?» replicò V, con curiosità. Voleva conoscere questa diffidenza, talvolta diffusa nelle aree giovanili.

«Non capiscono che il Futurismo, se lo si ama davvero, deve essere festeggiato ogni giorno, non celebrato» riprese il ragazzo, contento di poter esternare la sua critica. «Si celebrano solo le morti. Anzi, penso che questo dovrebbe essere oggi ucciso. Marinetti stesso lo ha detto, invitandoci a uccidere il chiaro di luna e tutta la letteratura precedente. E così che dobbiamo fare oggi con il Futurismo, ucciderlo per poterlo amare.»

«Come dovrebbe vivere allora, secondo te, il Futurismo oggi?» rilanciò V, anche perché la vitalità un po' brutale del ragazzo lo stava piacevolmente contagiando.

«Il Futurismo, dopo essersi consegnato alla storia, oggi può essere rianimato solo dalla bellezza delle nostre azioni, che possono estendersi anche verso il mondo virtuale e l'invisibile. Le azioni possono diventare creazione, vivendo però nell'immediatezza del momento. L'arte, come è intesa da tempo, è ormai archeologia o invenzione pubblicitaria, come quella fatta oggi per le gallerie e i musei. È roba per zombie con i soldi. Questi, per sentirsi vivi, hanno bisogno di un oggetto che chiamano arte al quale attribuire un valore, magari perché i colori dell'opera s'intonano bene con la tappezzeria del salotto.

«Perché sei così severo verso i professori e i critici?» lo interruppe V. Sapeva che la sua domanda era solo un modo per conoscere meglio il proprio mondo. Un mondo che egli stesso non amava, pur appartenendo, formalmente, a entrambe le categorie.

«Perché, in genere, non riescono a comprendere il nostro mondo. Non si accorgono che siamo ormai oltre le definizioni e visioni che hanno studiato. Ci dicono che siamo ignoranti e passiamo il tempo davanti allo schermo del pc. Ma loro ignorano che il mondo è nelle piazze, quelle reali e quelle virtuali, dove ci incontriamo e conosciamo l'esistenza, che ogni giorno cambia, pur rimanendo fedeli alla nostra origine.»

V era colpito interiormente da questo colloquio che nascondeva una disperata ricerca di autenticità, anche attraverso nuove possibilità d'incontro.

«Perché il Futurismo ancora vi interessa, se è passato un secolo dalla sua nascita? E se, come dici, deve essere ucciso per poterlo amare?»

«Per noi il Futurismo non è solo un movimento artistico. Questo è già consegnato alla storia. Il Futuro è Futurismo, un movimento continuo di vitalità e giovinezza anarchica. Solo così il futuro può appartenerci. L'anima del Futurismo continua a vivere nell'azione, ma è anche nella vita di tutti i giorni... e anche nel bere e nel sognare insieme. Questo può divenire un manifesto scritto, che di volta in volta ci piace inventare con le parole e il delirio. Oppure lo riproduciamo in un poster, manipolando immagini e parole che ci piacciono, per esprimere una serata che organizziamo. La firmiamo poi con la nostra presenza. Una serata come creazione di vita. Ce ne freghiamo delle etichette e delle vecchie ideologie, tutte superate.»

Istintivamente V annuii a quest'ultima affermazione, aggiungendo: «Siamo ormai tutti figli di tutti e di nessuno, il dividerci è solo un modo per farci perdere la nostra totalità di essere e di pensare.»

«È così, lei ha compreso. Venga a trovarci qualche sera al locale dove ci incontriamo nel weekend» riprese a parlare il ragazzo, dopo un attimo di silenzio. «Le offriremo una birra e così, se vuole, potrà conoscerci meglio. Lei non è come gli altri professori, non ci guarda con sufficienza. A parole solo loro hanno fatto le contestazioni. Non capiscono che ogni generazione ha le proprie forme di opposizione e follia.»

«D'accordo, lo farò appena possibile» lo interruppe lui, come per concludere il discorso.

V comprendeva il suo mondo, anche se trovava emotivamente un po' eccessivo il modo di parlargli, in fondo era poco più che uno sconosciuto. Il ragazzo sembrò leggere il suo pensiero.

«Posso darti del tu? A volte le parole significano poco, perché la sintonia è un fatto di pelle. E tu me l'hai suscita già mentre parlavi al convegno ieri pomeriggio.»

«Certo» rispose V con naturalezza. «Siamo o no i narratori del futuro?»

Il ragazzo sorrise compiaciuto all'affermazione. Come V della sua, uscita dalla bocca per caso.

V gli porse la mano per salutarlo, ma l'altro gli prese e strinse il suo polso, inducendolo a salutarlo nello stesso modo.

«È il nostro saluto. Un segno di riconoscimento e condivisione. Con questo ci salutiamo tra fratelli e tu, in un qualche modo, già lo sei.

Questo breve, intenso colloquio aveva alimentato in V, ancora di più, la nostalgia dell'azione: della vita come pulsione d'amore e sfida continua. In questo mettersi in gioco l'esistenza e l'arte potevano diventare una sola espressione. Senza piacere, emozioni e rischio, pensò, la vita si normalizzava, spegnendo quell'interiore qualcosa, pulsante e selvaggio, che può renderci vitali. Volle ripetere a se stesso, questa volta senza leggere il testo della sua relazione al convegno, una frase che si riferiva alla vitalità del Futurismo come avanguardia: "La vita può essere la vera creazione, pericolosa e violenta nella sua innocente natura".

Una sensazione, all'improvviso, s'impossessò di lui. Non

fu così certo che il colloquio con il ragazzo fosse realmente avvenuto. Forse, pensò, era stata solo una visione transitante, in quanto gli rimaneva dell'incontro una essenza fluida, sfuggente, di luci gialle nella sera. V però comprese che non era importante stabilire se questo fosse stato reale o immaginato: era comunque avvenuto fuori e dentro di lui come un *racconto* sul Futurismo.

LA BELLEZZA FUTURISTA
DELLA MACCHINA

Adriano Vittorio Autino

"Potremo cantare la bellezza futurista della macchina, oggi, solo se costruiremo una macchina che ci porti al di là dei limiti del nostro pianeta madre."
(Adriano V. Autino)

Ripensare il genio creativo di Marinetti oggi è come entrare in un hangar, rimuovere un telone e scoprire una macchina secolare, ancora lucidata a specchio e pronta a scatenare di nuovo la sua immane potenza. Una grande – moderna – Bugatti, nera canna di fucile; ora è ferma nel suo garage, un attimo dopo esplode i suoi 400 km orari, bruciando le grandi distanze con rombo entusiasmante, ancora ignara dei limiti energetici e ambientali che oggi ci angosciano. Fantascienza steam-punk, delirio che proietta motori di potenza odierna indietro nel tempo, a cercare una maggiore spinta per il nostro presente, e futuro.

Parlava di noi Marinetti, un secolo orsono, di noi, civiltà del futuro, lanciata verso il cosmo, grazie al sapere tecnologico e scientifico. Cosa ne è oggi di quel sogno? A che punto è la realizzazione del grande progetto futurista? Meglio di qualsiasi commemorazione, che forse Marinetti avrebbe disprezzato come inutile retorica, una riflessione sul futuro, più che sul futurismo, e sul presente, che inevitabilmente si antepone causalmente al futuro. Ma anche, se vogliamo prenderci cura della manutenzione degli strumenti di analisi del presente reale e di progettazione del futuro possibile, verificare l'effettiva attualità di alcuni concetti del futurismo di Marinetti e dei movimenti futuristi odierni, che a quel movimento storicamente si riferiscono, in tutto o in parte.

Il futurismo, nato in Italia ma rapidamente diffuso in Europa e in Russia, sull'onda delle grandi speranze suscitate dalle rivoluzioni socialiste e dalla rivoluzione industriale, ha avuto il merito di indicare chiaramente la grande rilevanza della tecnica e della scienza, per il progresso della civiltà, riferendosi alla classe borghese emergente, fautrice di quel progresso, e facendo piazza pulita della stantia cultura residuale dei ceti nobiliari. A suo modo, Marinetti in Italia e Majakowsky in Russia, sono precursori di una meritocrazia fattuale, in aperta ribellione contro i privilegi ereditari. L'eroe futurista è l'ingegnere, non il principe; l'inventore, non il soldato. Per quanto poi Marinetti incorra in una vertiginosa caduta di stile, quando esalterà la guerra come pretesa *"igiene del mondo"*.

Tuttavia Marinetti resta soprattutto un artista, e tutto si deve permettere all'arte, anche le iperboli che, da un punto di vista filosofico umanista, appaiono insopportabilmente anti-umane e anti-etiche. Marinetti poi aderì al fascismo, e anche in questo caso è facile per noi oggi, alla luce del disastro ideologico di quel regime, delle torture, delle leggi razziali, di tutto l'orrore di cui si è macchiato congiuntamente al nazismo, dare voti bassi al futurismo, tacciandolo di superficialità filosofica, per essere stato purtroppo cooptato dai fascisti, e anche oggi essere utilizzato da una destra culturalmente povera, come piattaforma culturale di riferimento.

Non furono pochi, all'epoca, coloro che videro nel fascismo iniziale un vettore rivoluzionario di progresso della civiltà. È vero che poi molti si ricredettero, e lo stesso Marinetti fu critico nei confronti della svolta autoritaria del regime. Tutto questo non impedisce a me oggi, umanista astronautico e post-aristotelico (nel senso che rifiuto di giudicare con il criterio del buono/cattivo, adottando o rigettando la totalità del pensiero di un autore), di cogliere, pirsighianamente, i concetti utili e assolutamente attuali, e di prendere le distanze da ciò che ritengo non solo inutile, ma persino dannoso, nella produzione ideologica marinettiana.

Assolutamente attuale, da rivalorizzare e utilizzare, il grande amore di Marinetti per la tecnica, per l'automobile, per gli aerei, per la potenza dei motori e della meccanica, per la velocità: tutti elementi che oggi sono additati come responsabili di eccessivo consumo energetico e di inquinamento. E, più in generale, la tecnologia, che viene accusata, dalle ideologie ecoziste e decrescitiste, di avere in qualche modo "lasciato indietro" la morale.

Secondo costoro, il progresso tecnologico si dovrebbe rallentare se non fermare, permettendo così alla morale di "rimettersi in pari", recuperando una pretesa "armonia con la natura". Si tratta di uno dei tanti ingenui e pericolosi tentativi di semplificazione della società: una società complessa, che conta ormai più di sette miliardi di individui, e di cui qualsiasi tentativo di semplificazione non potrebbe che affrettare l'implosione – già peraltro predetta entro la fine di questo secolo, da grandi futuristi del nostro tempo, ad esempio Stephen Hawking.

Ovvio, ma purtroppo non ancora superfluo, osservare che, da un eventuale declino della civiltà tecnologica e industriale, la morale avrebbe tutto da perdere, perché senza sviluppo industriale la civiltà muore, l'etica avvizzisce, vincono la mafia e i poteri più autoritari e retrogradi, pronti ad asservire le masse di disoccupati, in enclave di vera e propria schiavitù di ritorno. L'etica di cui si vantano i paesi occidentali è unicamente frutto della civiltà industriale, della scolarizzazione di massa, della dignità portata all'individuo dal lavoro, pur con tutte le storture, lo sfruttamento e l'alienazione ampiamente criticati dai movimenti di massa del secolo scorso. Basta vedere quale sia il livello della democrazia e della morale nei paesi pre-industriali, dove lo sfruttamento minorile è la regola, e le figlie vengono affittate dai padri agli occidentali in trasferta.

Tutto questo potrà essere solo peggiorato dalle crisi globali e da conflitti armati, che si moltiplicherebbero purtroppo se continuasse la nostra crescita entro i limiti del mondo chiuso: nessuna guerra potrà oggi fungere da "igiene del mondo", né la crisi globale può essere in alcun modo intesa come fattore di selezione naturale: si tratta di false metafisiche, confusione della mappa con il territorio, in cui incorre spesso chi indulge in improbabili similitudini tra sistemi sociali e sistemi naturali.

Ora, come potremmo noi oggi cantare la bellezza futurista della macchina? Solo se costruiremo finalmente una macchina che ci porti al di là dei limiti del nostro pianeta madre: una vera astronave, disegnata per trasportare passeggeri civili in orbita terrestre e al di là, verso la Luna, verso i punti di librazione di Lagrange, verso le enormi risorse degli asteroidi. Solo se costruiremo l'infrastruttura spaziale del sistema geo-lunare.

Qualcuno potrebbe osservare che tali macchine già esistono, da cinquant'anni, fin dal primo sbarco sulla Luna, e anche prima.

Da sessant'anni, è vero, si fa esplorazione e ricerca scientifica nello spazio, tuttavia la frontiera alta non è stata aperta ai privati e alle imprese, perché il denaro pubblico dato alle agenzie spaziali non è stato utilizzato per validare tecnologie di accesso all'orbita a basso costo, in particolare veicoli completamente riutilizzabili.

Ben venga allora un nuovo manifesto futurista, che faccia piazza pulita della retorica divulgativa fin qui in voga, che immobilizza il cittadino sulla sua poltrona ad assistere remotamente all'esplorazione fatta da astronauti militari o da robot!

Occorre riprendere saldamente il cammino tracciato da Konstantin Tsiolkowsky, che a fine '800 scrisse *"la Terra è la culla dell'umanità, ma uno non può vivere tutta la vita nella culla"*, e poi sviluppato da futuristi di grande livello, quali Krafft Ehricke - autore del *"L'imperativo extraterrestre"*, che preconizza la colonizzazione della Luna e dello spazio cislunare come primi passi di espansione della civiltà nel sistema solare. Gerard ÒNeill, che disegnò negli anni '70 le città spaziali in grado di ospitare migliaia di migranti. Lev Trostky e Robert Pirsig, che descrissero l'evoluzione umana come fusione trascendentale tra la tecnica umana e il resto della natura. Lo stesso Nietzsche, primo a ipotizzare l'evoluzione trans-umana con la nascita di un super-uomo. Per arrivare ai moderni trans-umanisti e post-umanisti, che preconizzano l'evoluzione consapevole, mediante ingegneria genetica.

Orizzonte che appare più o meno obbligato, quando comunità umane si insedieranno su altri corpi celesti, o su strutture artificiali nel sistema solare: la nostra fisiologia cambierà, per effetto delle condizioni di gravità e ambientali diverse rispetto a quelle terrestri. Tanto varrà, quindi, guidare il processo di adattamento: il prezzo da pagare, il cambiamento della nostra forma fisica, per raggiungere uno status pienamente umano, grazie all'enorme piattaforma di risorse ed energia fornita dal sistema solare, sufficiente per lo sviluppo di una società dell'abbondanza, completamente inclusiva, di trilioni di persone per molti millenni a venire.

L'umanesimo astronautico, oggi, si propone come bus filosofico e tecnico-scientifico, in sintonia con i futuristi moderni, gli umanisti e i post-umanisti, per rifondare la filosofia generale completando finalmente la rivoluzione copernicana, aprire il sistema mondo, espandere la civiltà nello spazio, e permettere quindi l'evoluzione etica della nostra specie.

LA MUSICA DELLE RETI

Stefano Balice

È assolutamente doveroso pensare a un'attualità delle grandi questioni che si sono aperte con il Futurismo. Una di queste è il rumore.

L'intera produzione futurista fu animata da una forte componente rumorista che influenzò tanto la letteratura quanto le arti visive, fino a manifestarsi pienamente con l'arte dei rumori e successivamente con la radia.

I paesaggi sonori delle grandi città del primo Novecento avevano vissuto un profondo sconvolgimento; un'ulteriore orgia di rumori sarebbe arrivata con la Grande Guerra. Urgeva una sensibilità futurista in grado di godere di quella nuova ricchezza acustica, poiché le arti di allora non rispondevano più ai bisogni sensibili dell'uomo moderno.

Marinetti definì il rumore come una *"manifestazione del dinamismo degli oggetti"*. Senza rumore, non esiste vita. Chiarirà ulteriormente Russolo: *"Mentre il suono, estraneo alla vita, sempre musicale, cosa a sé, elemento occasionale non necessario, è divenuto ormai per il nostro orecchio quello che all'occhio è un viso troppo noto, il rumore invece, giungendoci confuso e irregolare dalla confusione irregolare della vita, non si rivela mai interamente a noi e ci serba innumerevoli sorprese"*.

Non si trattava quindi di limitarsi a portare il rumore nei teatri: bisognava portare la gente al rumore, così che ristabilisse il contatto con una realtà sempre più complessa, veloce e chiassosa.

L'adozione del rumore in poesia e in musica rappresentava una rottura totale contro quel buon senso vigliacco che annichilisce l'uomo. Il rumorismo non può essere giudicato quindi come una scelta stilistica; esso era e rimane essenzialmente una visione del mondo.

A distanza di un secolo, poco o nulla rimane da inventare sul piano tecnico. Abbiamo infatti la possibilità di creare campionare intonare qualsiasi suono o rumore; i mezzi elettronici hanno offerto alle masse possibilità illimitate.

Il grande limite risiede invece nella passività uditiva dell'uomo medio, costantemente immerso nel rumore quanto assolutamente incapace di prestargli ascolto. Come una bestia malata, costui riesce ad ascoltare solo ciò che viene confezionato per i suoi timpani lerci di quattro quarti, rigorosamente sordi alla vita.

Il rumorismo futurista ha dunque avuto uno sviluppo parziale nella cultura musicale, in quanto la libertà di arrangiamento che esso ricercava è stata pienamente conquistata; siamo tuttavia ancora carenti di una cultura rumorista, ed è per questo che la questione non si può dire chiusa.

Lo sperimentalismo dei vari Stockhausen, Maderna, Xenakis, non era rivolto alle masse, pertanto non ha inciso significativamente sul loro modo di vivere il rumore; un primo passo in questa direzione si avrà solo in seguito, con la nascita della musica industriale.

Ma è nei nostri tempi che lo spirito libertario futurista può vivere una nuova stagione di lotte (anti)artistiche. Il rumore, che nei media ufficiali ha sempre ricoperto uno spazio di nicchia, è diventato fondamentale nella realtà delle reti. Schiva da ogni spirito mercantilista e ogni viltà artistica, la musica delle reti è certamente figlia della democrazia futurista marinettiana.

Il sempre più vasto universo netaudio, in cui fiorisce un numero incalcolabile di etichette indipendenti, ha fatto del rumorismo un fenomeno di massa. È questo il contesto in cui nascono e operano nuovi gruppi e reti d'avanguardia con le stesse finalità e la stessa carica demolitrice dei futuristi di un secolo fa.

Nascono nuove pratiche e nuove forme d'espressione. Il Net.Futurismo ha dedicato all'argomento, oltre a svariati post sui blog, due dei suoi manifesti: *"La musicoralità"* e *"Per una risignificazione popolare del concetto di musica"* (entrambi pubblicati in *"Manifesti net.futuristi"*). In ambedue i casi assistiamo a una critica totale del concetto, del ruolo e dei metodi di consumo della musica, e parallelamente si definiscono le strategie con cui il network net.futurista opera per riportare il rumore all'attenzione delle masse atrofizzate.

Il MAV - Movimento per l'Arte Vaporizzata, nato dalla sinergia tra diversi gruppi e individui uniti dalla medesima volontà vaporizzatrice di ogni ristagno Artistico, ha contribuito a fare del rumore un processo esperienziale, un momento di crescita dei sensi, sia nella realtà materiale che in quella digitale.

Il MAV ha infatti portato il paradigma orizzontale e neotribale della rete sul territorio con improvvisazioni/rituali collettivi, veri e propri cerchi di rumore che possono tenersi in ogni dove, per strada o nel corso di eventi musicali, come il *"Rituale della tensione continua"* presentato al Mestre Noise Fest nel settembre 2013, al quale parteciparono Tommaso Busatto, Stefano Balice, Roberto Guerra, Antonio Saccoccio, Giovanni Nembrini, Mattia Niero (in Usa, poi la registrazione in cassetta nel Museum Of Microcassette Art, a cura di Hal McGee).(1)

Contemporaneamente, con l'attività della propria netlabel MAV [0kbps] Records, il MAV ha trascinato sul web il calore e l'intensità dell'incontro fisico, organizzando videoperformance di gruppo chiamate cineMAV, aperte a chiunque sia dotato di un microfono, una webcam e una sensibilità rumorista.

"Pulsional Ru.mo.re!" è invece un progetto dedicato all'esplorazione vocale, generatosi dall'incontro tra il poeta visivo e sonoro Vitaldo Conte, il già citato agitatore delle reti Antonio Saccoccio e l'icona punk-anarco-transgender Helena Velena. I tre sono anche stati protagonisti di disordini all'Accademia di Belle Arti di Roma (Corpi di-segni d'arte, 6 ottobre 2013), nel corso di una presentazione/evento in cui gran parte del pubblico, facendo sfoggio del proprio passatismo, non volle saperne di accettare come "musica" la potenza animale della voce umana. Più recentemente, nel marzo 2014, il trio ha fatto irruzione al Caffè Letterario di Roma portando i propri vocalizzi impazziti alle orecchie intorpidite dei disfattisti aperitivisti presenti in sala - irruzione che, per modalità e contenuti, è stata definita dagli autori stessi un *"blitz futurdada"*.

Ad accomunare questi tre progetti: l'approccio ludico al suono, l'amore per la vita e per i rumori che la definiscono, la scarsa importanza da attribuire al prodotto finito, contrapposto all'esperienza sonora.

Net.Futurismo, MAV e Pulsional Ru.mo.re! sono tre esempi lampanti di come il futurismo sonoro possa risplendere, a settant'anni dalla morte del suo fondatore, di una rinnovata attualità.

BIG DATA: FARE I CONTI COL FUTURO

Lorenzo Barbieri

La strada dell'uomo ha in questi ultimi decenni ha smesso di essere uno sterrato stradino e si è trasformata in una moderna autostrada: i fatti ce lo testimoniano ogni giorno.

L'aumento della popolazione mondiale, il progresso scientifico, il miglioramento del benessere generale sono tutti indicatori di un sostenuto sviluppo tecnologico che abbiamo intrapreso certamente dall'avvento di internet.

La rete, o meglio le reti di relazioni, ci hanno consentito di condividere, tra le orde di gattini e demenziali video, anche conoscenza.

Il futuro insomma è sempre stato, ed è, tra noi, solo che non è distribuito in maniera uniforme.

Fu già Max Weber a cogliere i segnali del latente cambiamento con cui oggi ci troviamo a confrontarci; nel 1919 il pensatore tedesco scrisse: "a differenza delle generazioni che ci hanno preceduto, oggi gli uomini non muoiono più sazi della loro vita, ma semplicemente stanchi".

Questa era dei Big Data, la Zettabyte Era, mette in discussione il nostro modo di vivere e di interagire con il mondo. La società dovrà abbandonare almeno in parte la sua ossessione per la causalità in cambio di correlazioni semplici, passare dall'ontologia delle cose a quella dei processi: non dovrà più chiedersi perché o come, ma solo chi o cosa.

Questo nuovo modo di affrontare i problemi ribalta secoli di di prassi consolidate e mette in crisi il nostro approccio istintivo alle decisioni e alla comprensione della realtà.

Per capire le coordinate geografiche del cambiamento occorre far presente che millenni or sono non si era capaci di trasmettere informazioni e conoscenza: nella preistoria non si disponeva di alcun tipo di mezzo per tramandare quindi il sapere. Oggi diremmo che non v'era un'infrastruttura e non c'erano le tecnologie poggianti su di essa, le ICTs.

Per centinaia di anni poi l'uomo cominciò a scrivere, a comunicare informazioni e a tramandare conoscenza e costruire il sapere: la biblioteca di Alessandria e i monasteri europei sono fulgidi esempi di internet ante litteram. Un universo di conoscenza, limitato.

Vi erano insomma ICTs, gli imperi, romano e britannico, sempre per accomunare il periodo, si basavano su informazioni e avevano una loro infrastruttura che gli consentiva di decidere informati.

Poi è arrivata internet, o meglio sta arrivando.

Il futuro, anche qui, non è uniformemente distribuito.

Parte del mondo è vulnerabile agli attacchi cibernetici eppure in centrafrica o nell'Asia più interna difficilmente se ne accorgerebbero.

Viviamo quindi su piani diversi, sulla stessa linea temporale ma in mondo diversi.

Ci sono Stati immersi, seduti, completamente assuefatti dall'infosfera e dalle ICTs, senza le quali non riuscirebbero più a erogare prestazioni basilari, e angoli del pianeta che non sono ancora "società dell'informazione".

Capire questo, i diversi piani di questa scacchiera multilivello su cui si gioca una partita cruciale per lo sviluppo della società, può aiutare a comprendere i valori in gioco.

Il digitale, laddove è arivato, ha rimescolato e contrapposto come mai prima d'ora i diritti umani: è in questo senso che la società, laddove voglia virtuosamente progredire, deve riprendere le redine dell'auriga.

Martin Hilbert, docente della University of Southern California, ha pubblicato uno tra gli studi più esaurienti in materia di quantificazione di dati, ovvero di tutto ciò che è stato prodotto, archiviato e comunicato.

Stando ai suoi calcoli nel 2007 sono stati archiviati oltre 300 exabyte di dati, 300 miliardi di gigabyte.

Sempre nel 2007, ormai un'era geologica fa, solo il 7% dei dati era in formato analogico.

Nel 2013 la quantità di informazioni del mondo è stimata intorno ai 1200 exabyte e meno del 2% è in forma non digitale: stampati su libri cartacei si coprirebbe l'intera superfice degli Stati Uniti 52 volte o, se raccolti in Cd-Rom, arriverebbero alla Luna in cinque separate pile.

Questo tsunami silenzioso sta annichilendo la nostra capacità di archiviazione privata e lasciando nelle mani di pochi la memoria collettiva.

Tra il 1453 e il 1503 furono stampati circa otto milioni di libri grazie a Gutenberg, più di tutti quelli prodotti dagli amanuensi d'Europa sin dalla fondazione di Costantinopoli.

In Europa, all'epoca, le informazioni ci mettevano quasi 50 anni a raddoppiare. Oggi ne bastano solo tre.

Il diluvio di dati non pone però solo problemi ai bibliotecari e agli storici di tutto il globo ma anche a noi stessi.

La capacità di *"datizzazione"* ovvero di tramutare in dati tutto.

FUTURISMO NEL FUTURO

Sandro Battisti

La vertigine è il disagio provocato dall'ultima frontiera dell'umanità: lo spazio profondo. Umanità, o quella che sarà quando si navigherà nei flutti dello sterminato territorio impalpabile siderale, forse l'unico luogo che potrà permetterci davvero di perpetuare *ad libitum* la *ver sacrum*.

La suggestione dello spazio siderale che si prova in questo pozzo gravitazionale che è il pianeta Terra è, spesso, inimmaginabile; gli stessi autori di sf – tanti, quasi tutti – si sono ben volentieri cimentati nel tentativo di esprimere quella vertigine ma solo a volte hanno colpito davvero nel segno. A noi comuni mortali basta assistere a una proiezione su un grande schermo di galassie e ammassi nebulosi per riuscire a percepire, soltanto per un attimo, quale meraviglioso stordimento può originarsi se davvero, sotto i nostri piedi sospesi, dovesse aprirsi terrificante e infinito lo scenario di centinaia d'ammassi gassosi e corpi stellari brillanti di colori vividi, lontani e pulsanti o sovrastanti. Trovarsi immersi nel vuoto assoluto, senza altri rumori che quelli filtrati dalla tuta pressurizzata, penso sia l'estremo dei limiti biologici, la più estraniante delle esperienze. Gli astronauti lo sanno già, ma essi sono ancora pochi rispetto alla moltitudine miliardaria degli esseri umani, tuttora concentrati sulle problematiche terrestri – e spesso, sulla pura sopravvivenza biologica.

Riusciremo mai ad andare – e soprattutto a viverci, a prosperare – nello spazio profondo? Lo scopo di questa conferenza è, in fondo, spingersi il più possibile verso l'estremo limite umano e post-umano. Così, occupiamoci un attimo dell'ultima frontiera concepibile per un organismo complesso quanto il nostro.

Sfugge la percezione dello spazio profondo. Sfugge e non c'è altro da disquisire, bisogna solo provare e gettarsi giù, nell'iperspazio siderale.

Riuscite a immaginarvi un personaggio vulcanico e irrefrenabile come Filippo Tommaso Marinetti che si getta anzi, si catapulta nell'ultima frontiera come se stesse bruciando tutto attorno a lui, preda del delirio possessivo di quell'enorme spazio? Effetì che si getta giù con ardore e audacia pari soltanto alla sua incoscienza senza rete...

Cosa sarebbe stato Marinetti, in quale genere di postumano si sarebbe incarnato se fosse vissuto nel futuro prossimo? Bruce Sterling, nella *Matrice Spezzata*, ci suggerisce un'umanità o postumanità che ha colonizzato il Sistema Solare subendo, però, un'evoluzione doppia, basata su protesi cibernetiche o evoluzioni ingegneristiche del profilo genetico e delle manipolazioni cerebrali.

Probabilmente, considerando le suggestioni sterlinghiane, Marinetti avrebbe potuto essere un *Mechanist*, in altre parole un'entità biologica ricca di protesi d'ogni tipo e funzionalità atte a potenziargli l'esistenza e la sterminata ingordigia di sé. Non avrebbe di certo scelto nulla di genetico, nessuna modifica di natura congenita al suo carapace biologico perché non gli avrebbe permesso di esprimere, di percepire, quella sensibilità negra e fisica che tanto lo affascinava e avvinceva: lui amava l'umanità e anzi voleva portarla ai suoi limiti, ma non oltre, convinto com'era che l'umanità fosse il massimo dell'espressione vitale dell'universo.

La tomba del Futurismo è, quindi, lo spazio profondo. È lì il suo sudario, è lì che l'umanità annega nel gelo siderale e negli spazi incommensurabili non a misura d'uomo e, nemmeno, di essere vivente biologico; è lì che giace il feretro di quel Movimento, lì dove non si riesce a concepire nulla di razionalmente umano se non attraverso nuove matematiche aliene e tramite l'utilizzo di elucubrazioni che sono sempre meno logicamente umane. La stessa boria e vitalità umana sarebbe inconcepibile lì nello spazio profondo, sarebbe d'intralcio e controproducente, quasi provinciale; e allora, che senso ha avere tuttora contatti con le avanguardie artistiche e cerebrali umane quando è chiaro che quel limite va oltrepassato a favore di energie e vitalità o molto lontane - o addirittura aliene alla biologia - e quando è chiaro che quei movimenti passatisti non sono più le avanguardie? Il Futurismo è stato davvero l'ultimo vero avamposto dell'umanità, ricco di spunti e di attitudini alla visione positiva, ricco di voglia di lanciarsi nel vuoto, di addizionarsi ad artifici meccanici e all'inventiva figlia della rivoluzione industriale che cominciava a diventare spinta, esasperata. Celebrare quel Movimento dei primi del '900 in questi anni, per festeggiare il suo centenario o poco più, è stato giusto e doveroso; ma i fatti e le nostre speranze matematiche, divenute linee di codice alieno, ne hanno in pratica decretato la morte, il suo divenire passatista. L'architettura postmoderna traccia questa linea di cambiamento radicale partendo proprio dal mood futurista, e ciò è ravvisabile dalle parole di alcuni architetti moderni, come Kas Oosterhois che dichiara: «*Prendiamo la relazione tra utenti e macchina consapevole. È sempre esistita una complessa relazione tra l'utente e lo strumento. Le macchine sono l'estensione del corpo umano. Ma d'altro canto le macchine seguono un percorso specifico. Esse si evolvono e il pubblico evidentemente non è in grado di controllarle. Il pubblico le usa, le fa reagire; le macchine sono destinate a evolversi. Il computer standard di oggi può esser visto come un cervello esterno attivabile attraverso un percorso umano: cervello, braccia, mani, dita. Oggi in nostri cervelli operano, all'alba dell'era digitale, come una parte della rete globale di Internet. Stiamo diventando parte di un gioco globale. Oggi i nostri computer stanno ancora aspettando pazientemente i nostri comandi. Ma in un futuro prossimo le molte funzioni dei computer saranno miniaturizzate e immerse in diversi apparati, nei sistemi operativi di ambienti complessi, e infine nei nostri stessi corpi. I bioporti del film eXistenZ rappresentano dei nuovi ingressi per il nostro sistema nervoso, un nuovo senso che ci permette di entrare in mondi paralleli. Ma in eXistenZ i corpi dei soggetti diventano inerti, sono connessi e abbandonati in una sorta di trattamento medico. Il fatto che David Cronenberg introduca questa situazione paralizzante significa che egli non accetta del tutto la possibilità di esperire allo stesso tempo mondi reali e virtuali. Un esempio convincente di questa simultaneità sono per esempio gli occhiali elettronici che il chirurgo usa quando opera un paziente. Egli indossa i dataglasses che gli danno in tempo reale informazioni sulle condizioni del paziente (battito cardiaco, pressione sanguigna ecc.) insieme all'esperienza reale della visione del corpo che sta operando. L'esperienza di mondi virtuali diventerà un fatto naturale e accompagnerà naturalmente le nostre esperienze cosiddette reali.*

L'interazione tra utenti e macchine poggia sulle virtù della miniaturizzazione delle estensioni tecnologiche, una sintesi mentale piuttosto che fisica. Le prime immagini di cyborgs che sopportano un pesante fardello di apparecchiature tecnologiche sono oggi assolutamente obsolete. È la macchina che evolve ad alta velocità e noi esseri umani possiamo soltanto cercare di condurre questa evoluzione lungo una certa direzione. Questo processo di evoluzione digitale del prodotto accade direttamente davanti ai nostri occhi. Possiamo nutrire le macchine, crescerle nel modo più appropriato, e lasciarle andare quando sono diventate grandi.»

Maurice Nio si spinge ancora più a fondo, scava nell'essenza della materia cercandoci risposte, dinamiche dell'incomprensibile così da sviscerare meglio i tempi che ci attendono dietro l'angolo. In una sua intervista afferma che: «*Viviamo in un mondo che diventa sempre più trasparente. Siamo in grado di indagare misteri, segreti, di insinuarci nelle sequenze genomiche cancellando irregolarità, razionalizzando, appiattendo ciò che è diverso al punto da creare un'omogeneità tale da rendere trasparente ogni cosa e, contemporaneamente, ogni cosa oscena. Ne strappiamo i veli, lasciandola muta, cruda e banale. Una volta raggiunto il punto di trasparenza totale, ci troviamo anche in uno stato di oscenità totale. Se togliamo tutti i veli, non ci resta altro che la crudezza banale. La seduzione è sparita. Allo stesso tempo, però, abbiamo la consapevolezza che il 90% del nostro universo è composto da materia nera. E forse questa materia potrebbe essere la causa di tanti fenomeni incomprensibili. Di contro, l'ipotesi porta con sé che fortunatamente solo il 10% del nostro universo potrebbe essere veramente trasparente e osceno. La nostra ricerca si fonda sul tentativo di dare forma proprio a quel 90% in cui scorre l'unico, eppur ampio, residuo di purezza emotiva. Dare forma all'incomprensibile, a un linguaggio che intuiamo ma non riusciamo a decodificare. Restituire materia, plasmare l'implasmabile attraverso lo strumento della sineddoche. Così un ruggire, un cinguettare, un sibilare ci assorbono, comunicando a un livello superiore e inconscio. Quando poi questi suoni si ritirano striscianti nell'ombra, si confondono e contorcono tra loro fino a raggiungere un nuovo spettro visivo nella quadridimensionalità.»*

Infine, Marcus Novak assesta un colpo decisivo ai tempi umani, decontestualizzando ogni punto di riferimento e preparandoci all'assenza di peso, di luce, di calore; ci prepara al flusso di energia pura che è il cosmo stesso e qualsiasi cosa ci circonda. Che ci costituisce.

Le sue parole: «*Tutti i percorsi formativi sono importanti. La divisione fra classico-umanistica e nuovo-radicale è falsa. Ci sono momenti nella storia in cui ciò che ora consideriamo classico era considerato visionario tanto quanto quello di cui stiamo parlando. C'è bisogno di una educazione umanistica per conoscere Giordano Bruno, ma Bruno era considerato così radicale per i suoi tempi che fu mandato al rogo in Campo dei Fiori. Quello che un'educazione classica ti può dare è un contesto e una prospettiva. Le idee appaiono come pietre che rimbalzano sull'acqua con un intervallo di decenni o secoli. Un precursore di qualche idea può venire fuori dallo spazio e dal tempo, e le similitudini fra concetti possono essere impressionanti. Nel 14° secolo il compositore e teorico Johannes Cicconia scrisse che il succo del problema della musica è lo scontro fra il discreto e il continuo, o quello che chiameremo fra numero intero e numero naturale, o determinismo e caso con le parole di John Cage.*

L'intera nozione di design algoritmico è già contenuta nell'architettura classica, dove un sistema regolato di relazioni definisce il tempio nella sua interezza e nei suoi più piccoli dettagli, in modo tale che cambiando l'ordine o il raggio di una colonna si verifica un effetto come di fremito d'acqua che coinvolge l'intero edificio; ciò si verifica allo stesso modo in cui il variare di un valore in una cellula si propaga a tutte le cellule a lei interconnesse.»

L'inumanità ci attende con nuove regole e vitalità che, una volta conosciute a fondo, sono sicuro avrebbero esaltato il buon Marinetti, che avrebbe fatto l'impossibile per cimentarsi in nuove prove di ardimento energetico tanto da riuscire a toccare con mano i limiti del nuovo stato esistenziale. Il Futurismo, l'ultima avanguardia roboante dell'umanità e delle sue finite potenzialità, può ora essere ben fiero di non essersi guardato indietro e di essere riuscito a segnare, con le sue gesta e pensieri e atti artistici/provocatori, l'ultimo fuoco d'artificio di una razza biologica vivente.

Prima ho parlato della *Matrice Spezzata*, un romanzo dei primi anni '80 scritto dal vate del cyberpunk, quello stesso Bruce Sterling che ai giorni nostri s'interessa attivamente anche di architettura del futuro applicata alle problematiche della vita moderna. Recentemente è stato edito in Italia un altro romanzo: Rivelazione, di Alaistair Reynolds; è uno scrittore di SF capace di rinverdire i fasti del genere space opera, ovvero di una fantascienza che affonda nelle profondità galattiche in cui l'umanità del futuro avrà da dire la sua. Gli scenari esotici che Reynolds disegna, con un grado di sapienza ed empatia notevole, parlano di architetture immense ma tutte ancora a misura umana, sia che si viva su pozzi gravitazionali enormemente lontani dalla Terra, sia che si passi la quasi totalità dell'esistenza – notevolmente allungata, ai limiti dell'immortalità – a bordo di gigantesche astronavi, funzionali e ricche di ogni qualsivoglia comodità che il genere umano ha imparato ad apprezzare durante il suo breve soggiorno sul pianeta madre. Si parla di navi galattiche che hanno al loro interno spazi come metropoli dove esistono giardini, o rimesse, o camere dove sono stipate artiglierie così complesse e micidiali da distruggere interi mondi.

Cosa accomuna, ancora, quest'umanità del probabile futuro alle nostre misere esistenze da pochi decenni? Parliamo di organismi post-umani in grado di sopravvivere in stati di ibernazione forzata per anni luce, nell'attesa che si sbarchi su altri mondi alieni già scoperti ma mai del tutto conquistati, mentre micidiali forme di peste cibernetica sono in agguato, pronte ad aggredire tessuti biologici per trasformare un postumano in qualcosa di assai prossimo a una forma inumana, senziente, modificata nella consapevolezza di sé, corrotta in un modo che diparte dall'estremizzazione del già estremo concetto del postumano: cosa può indicare tutto ciò? Istintivamente ci viene da rimpiangere le architetture della S.H.A.D.O., la mitica organizzazione terrestre che negli anni '70 viveva nei telefilm *UFO*, un'organizzazione paramilitare trans statale che cercava di contrastare l'assalto alieno alla Terra.

Allora era tutto umano, anche nei telefilm, dove le vetture che si presumeva avrebbero percorso le strade negli anni '80 del secolo scorso avevano il baricentro basso e portiere ad ali di gabbiano; dove gli uffici apparivano come bolle geodetiche, le stesse architetture che poi venivano trasferite sulla base lunare per facilitare il lavoro di difesa dall'assalto alieno; dove i vestiti degli stessi uomini S.H.A.D.O. risultavano essere intrisi di sobrio gusto anni '60 e praticità militare, come per i piloti degli intercettori degli ufo che erano sfavillanti nelle loro tute argentee. Tutto ci appare adesso come rassicurante e il senso del passato, di qualcosa che è stabile perché accaduto o stabile perché non accadrà mai, ci sorprende e blandisce come un racconto horror che rimane fissato solo sulle pagine di un libro cartaceo.

La realtà è invece che ora, dopo solo quarant'anni dei miraggi S.H.A.D.O., ci troviamo a fantasticare di alienità così spinte da teorizzare la nostra esistenza come lotti di dati senzienti, che non avranno bisogno di altre architetture, se non quelle delle neomacchine, per garantire le organizzazioni impalpabili dell'esistenza inumana.

Vogliamo provarci noi, primi pre-postumani pre-inumani, a scandagliare questi territori siderali, oscuri e gelidi, nel buon nome e nell'ardimento cari a chi ha amato vivere sul limite estremo dell'esistenza, oltre che dei secoli? Potremo riuscire a respirare da lì il vuoto assoluto e a sopravviverci come se avessimo cambiato pelle - anzi, come se avessimo cambiato modalità di esistenza?

Con le premesse di cui sopra, quanta possibilità avrebbero i nostri filamenti genetici di continuare a vivere nello spazio profondo? Riusciremo non solo a portare le nostre conoscenze come un messaggio in una bottiglia ma, soprattutto, a farlo in modo senziente, come se fossimo noi stessi a raccontare al cosmo intero cosa siamo, quel poco che siamo? L'umano non è fatto per vivere fuori dall'atmosfera terrestre o in pozzi gravitazionali simili, l'inospitalità estrema dello spazio lo limiterebbe fortemente e allora, forse, è ancora Bruce Sterling a suggerirci la soluzione.

La Matrice Spezzata termina con il protagonista, Abelard Lindsay, diventato ormai un post-umano bicentenario stanco delle traversie, patemi e, soprattutto, annoiato da ciò che la biologia gli ha potuto dare. Ha semplicemente voglia di altro, la sua enorme curiosità trascende la sua stessa vita biologica e allora, nel momento in cui incontra uno spettro alieno, decide di seguirlo abbandonando la dimensione post-umana, abbracciando l'etereo, sente di essere pronto a tutto un ordine di grandezza notevolmente superiore di conoscenze e vibrazioni vitali incorporee, percepisce una scoperta fantastica dietro l'altra in cui la nuova sfida sarà, semplicemente, immaginare i nuovi spazi capaci di soddisfare le linee di codice senziente, ricche di sapienze e prive, forse, della discontinuità da disadattamento.

Quanto di Marinetti c'è in questo discorso? Provate a immaginare non tanto le sue idee e i suoi segni grafici spigolosi, ancora tutti umani, quanto la sua grandiosa voglia infinita di andare oltre; vi accorgerete di come un'idea umana sia capace di andare al di là di ogni limite e forse, quanto questo limite abbia al suo interno germi umani.

È la sfida finale delle architetture possibili, la sfida finale prima di assaporare quello che ora ci appare come divino che, per la prima volta nella nostra infima storia di piccoli esseri, ci appare raggiungibile.

FUTURISMO, PROFEZIA E FUTURO ANTERIORE

Pierfranco Bruni

"*In un tempo di sradicamenti Gioacchino da Fiore e Dante Alighieri (e Marinetti!) sono i profeti da rileggere oltre la cronaca della politica* "
(*Pierfranco Bruni*)

Non illudiamoci ancora. La nostra epoca ha dimenticato l'identità culturale e ha perso le eredità filosofiche. Occorre rileggere e proporre. Gioacchino da Fiore è una presenza costante nella storia della cristianità. Utopia, eresia, viaggio nella religiosità. Un viaggio profetico che ha tante avventure da raccontare. Ma Gioacchino è un modello che caratterizza tutti i processi culturali che ha poi l'identità cristiana e di fede in tutti i secoli successivi in una dimensione in cui ricerca della fede significa anche ricerca di una centralità dei valori della profezia.

Ernesto Buonaiuti in un suo saggio dedicato al *De articulis fidei* di Gioacchino da Fiore ha sottolineato: "*E se i pontefici romani si sbarazzarono del gravoso onere della potestà politica e ne delegarono il mandato agli imperatori, lo fecero unicamente per non mescolare la milizia di Dio alla burocrazia temporale. Ma il gesto di Costantino, innalzante il pontificato dalla condizione di soggetto e di minorato a dignità di potenza e di comando, fu, oltre tutto, un meraviglioso gesto simbolico, prefigurante il momento in cui, alla fine del mondo, il Signore Gesù avrebbe trionfalmente e definitivamente sottoposte tutte le nemiche autorità della terra, ai propri piedi.*"

In un quadro in cui le tragedie dominano lo scenario si ha

bisogno di ritrovare l'identità del sacro. L'uomo deve superare le burocrazie temporali e i popoli non hanno soltanto la necessità di affidarsi alla democrazia o alle democrazie ma devono recuperare la solidarietà dell'unione che significa legittimare un futuro grazie a una eredità che non può che leggersi nel testo messianico della rivelazione.

Viviamo un passaggio epocale che viene a essere contrassegnato da un rapporto tra il contemporaneo e il moderno. In questo rapporto si inseriscono le tracce tematiche che hanno caratterizzato il tempo delle civiltà e lo hanno innescato nelle evoluzioni delle culture. Il contemporaneo e il moderno ormai fanno parte della nostra esistenza del presente e nel presente. Si riscoprono i luoghi e i personaggi si rileggono nella loro storica fisionomia.

L'intellettuale è un giocoliere che sa stare al gioco e i filosofi esteti ridisegnano il cerchio mentre i teologi discutono sull'avventura di Dio e i religiosi pongono la questione della riappropriazione del mistero. In questo nostro tempo c'è una leggerezza delle idee che va di pari passo con il pensiero debole. Il moderno e il contemporaneo si servono di questi modelli che sono i testimoni della stagione delle ideologie.

Siamo attratti dal crepuscolo delle ideologie perché veniamo attraversati costantemente dalla debolezza o dalla necessità del contemporaneo. Il senso religioso è senza ideologia perché è nel di dentro dei segreti che il mistero si rivela. Rivelandosi ci permette di scoprire o riscoprire il valore della vita, i sentieri che si intrecciano nelle culture, i significati del sacro.

Un interlocutore che ritorna a dialogare tra il moderno e il contemporaneo, pur essendo antico, è Gioacchino da Fiore. Perché, ci si chiederà, riproporre Gioacchino da Fiore in un clima di confusioni radicali e di post – determinismo ideologico? Questo tempo che consuma tutto come potrà dialogare con l'abate cistencense che visse tra il 1135 e il 1202?

Nella cultura occidentale l'abate calabrese resta una figura centrale. Ed è tale sia per gli scritti che ha lasciato sia per i suoi comportamenti che sono sempre oscillati tra l'eretico e l'utopico. È certamente uno dei filosofi che ha fatto da apri pista per le problematiche che ha messo in moto una temperie di conflitti e di contraddizioni etiche, morali ed esistenziali.

Il tempo della ciclicità è in Gioacchino da Fiore una motivazione storica e culturale che ha dei presupposti profondamente religiosi. Le sue tre grandi età sono una manifestazione che caratterizzerà tutto lo svolgersi della filosofia vichiana e i relativi orientamenti della critica sul mito, sul tempo della memoria, sulla rivelazione mistica.

Gioacchino da Fiore nel *Liber concordiae Novi ac Veteris Testamenti* offre la meditazione sulla ciclicità. Le età sono gli "stati del mondo". È proprio in questo libro che l'abate dichiara: "*Il primo è quello in cui siamo vissuti sotto la legge; il secondo è quello in cui viviamo sotto la grazia; il terzo, il cui avvento è prossimo, è quello in cui vivremo in uno stato di grazia più perfetta.*"

E l'analisi continua su una triplice valenza: scienza, sapienza, intelletto. Così di seguito sino ad arrivare agli ultimi stati che ci danno questo quadro: "*Il primo riguarda il periodo di settuagesima, il secondo quello della quaresima, il terzo le feste pasquali. Il primo stato appartiene dunque al Padre, che è autore di tutte le cose; il secondo al Figlio, che si è degnato di condividere il nostro fango; il terzo allo Spirito Santo, di cui dice l'Apostolo: 'Dove c'è lo Spirito del Signore, ivi è la libertà'.*"

Infatti le tre età sono riassumibili in questa sfera: l'età del Padre, l'età del Figlio, l'età finale dello Spirito. Nel corpus di questo viaggio c'è l'intelligenza spirituale la cui figura dell'angelo assurge a simbolo. Anche qui si dimostrano e si manifestano gli intrecci ciclici. Nell'*Expositio in Apocalypsym* si legge: "*Nella terra, che è l'elemento inferiore, si designa la lettera dell'Antico Testamento, nel mare la lettera del Nuovo Testamento, nell'iride, che compare in mezzo alle nuvole del cielo, il significato spirituale, che scaturisce dall'uno e dall'altro.*"

La terra e il mare sono non solo elementi partecipativi nella ciclicità del confronto tra tempo e civiltà. Sono portatori di identità e di appartenenza. E proprio per questo Gioacchino da Fiore costituisce il "proposito" di un radicamento che trova nell'Antico e nel Nuovo Testamento la Redenzione che ci farà approdare ad nuova Era. La religiosità senza il mistero non avrebbe senso. Ma lo stesso viaggio messianico si legge nelle metafore della terra e del mare. Ovvero dell'acqua e del deserto. Sono questi i due principi fondanti che ci conducono verso una rivelazione che non può essere soltanto storia ma soprattutto fede. Lo svolgersi di questa attesa messianica ci avvicina non alla realtà storica ma alla memoria che è lo svolgersi di una rivoluzione cristiana. In questa dimensione di fede il dibattito tra modernità e contemporaneismo è una chiave di lettura fondamentale per afferrare l'importanza del cristianesimo nell'età attuale e diventa necessaria alla luce dell'offerta problematica che ne fa Gioacchino da Fiore. Una chiave di lettura che deriva da due riferimenti centrali. Il simbolo e il sacro.

Ha scritto giustamente Ernesto Buonaiuti: "*Impazientemente proteso verso la veniente libertà dello spirito, Gioacchino intende così il mondo delle realtà trascendentali, come il passato rivelato e storico, quali immense e dense parabole, di cui occorre cogliere i significati riposti e i valori tipici. Tutto, nella parola di Dio affidata alla Scrittura... deve essere inteso come una tessitura prodigiosa di simboli e di sacramenti, la cui realtà non velata sarà posseduta unicamente nel nuovo regno Spirito, mentre finora è rimasta oscura e indecifrata.*"

I simboli e le metafore circondano tutta l'opera dell'abate calabrese. Alla incombente visione di attualizzare il moderno, nel suo contesto storico e nella nostra realtà epocale, si contrappone la visione del "sempre" attraverso il messaggio della evangelizzazione che Gioacchino propone costantemente anche alla luce dei continui sradicamenti che hanno attanagliato tutte le civiltà e tutte le età. Ci sarebbe bisogno di ridare voce al pensiero metafisico della contemplazione per riconquistare il senso che manca a questo tempo di perdute memorie e di facili euforie.

La profezia non è un miraggio. È la metafora che si racconta nella nostalgia del futuro. Pietro De Leo in Gioacchino da Fiore Aspetti inediti della vita e delle opere ha sottolineato: *"Modello o no, Gioacchino fu l'abate asceta di un ordine profetico, proiettato nei tempi escatologici, più che in quest'età che li precede. Gioacchino abate appare per questo un precursore, anche se per molti aspetti la sua vita e il suo messaggio costituiscono ancora oggi un problema."*

Forse fu un eretico, ma di una eresia di cui questo nostro tempo ha perso il valore. Le sue utopie sono state sconfitte dalla burocrazia del potere. Come avvenne per Dante, di cui il legame con l'abate è una testimonianza spirituale ed etica, l'eresia e l'utopia rappresentarono un modello di vita. Ma sia Dante che Gioacchino oggi non sono moderni o contemporanei o attuali. Sono i profeti che hanno disegnato le immagini nelle quali ci perdiamo. Restano i profeti oltre la cronaca della storia. Esattamente come Marinetti, quando incendiò il mondo lanciando il futurismo ma anche rilanciando nella modernità la profezia che - oggi dopo oltre 100 anni - lo sappiamo, viene da lontano, anche per il nostro tempo, almeno dal Rinascimento.

SCIMMIE CHE VOLANO SU MARTE

Ivan Bruno

«C'era una volta un pianeta simile alla Terra che orbitava allegramente intorno al suo sole finché, un giorno, non si allontanò troppo causando la fine della vita sulla sua superficie e, forse, anche al suo interno.»
Questo sarebbe l'incipit con cui potrei iniziare a scrivere un mio prossimo libro su Marte, il pianeta che da tempo ha alimentato la fantasia di scrittori come me che, il più delle volte, hanno accostato l'immaginazione a quanto la scienza ha scoperto o teorizzato.

Vorrei raccontarvi di venti cosmici e di attrazioni dei pianeti, fantasticare di viaggi su astronavi spinti da vele solari o da propulsori alimentati dalla materia nera di cui è composto in parte l'universo, tracciando una linea di confine tra quanto possiamo definire reale e fattibile e quello che resta ancora inserito nel mondo del fantastico. Pensando all'indole umana tesa a volere tutto quanto si possa accaparrare, potrei creare dei pirati dello spazio che abbordano i carghi civili o che rubano i detriti satellitari, l'oro dello spazio disseminato intorno alla Terra.

La mia odierna attenzione tende spesso a portarmi indirizzare accuse verso una società rallentata, nel suo progresso, da finta burocrazia e da cattivi investimenti. Sono quasi obbligato, quando scrivo, a ricordare ai lettori quanto siamo ancora legati ai problemi terrestri, mostrare quanto siamo lontani dal poter vedere la prima colonizzazione di un altro pianeta che, per un paradosso, vorremmo fosse Marte. Siamo sulla buona strada, ma il rischio di perderci nella nebbia è ancora molto alto.

Il primo vero passo che dovremmo affrontare è quello della connessione umana con la tecnologia a un livello superiore. Bisogna andare oltre la robotica e la costruzione di intelligenze artificiali capaci di lavorare per noi. Noi stessi dobbiamo trovare un modo per sconfiggere la morte o, per iniziare, aumentare ancora le aspettative di vita.

Il nostro freno è dettato da una semplice parola: paura. La paura di avventurarsi nell'ignoto. La paura della connessione uomo-macchina, della perdita di sensibilità e di umanità con il rischio di diventare i cinici cyberman del Doctor Who, esseri tecnologici che di umano hanno solo mantenuto il cervello. Bisogna scoprire l'anima dei sentimenti.

Siamo vicini a una realtà fisica dove, raramente, riusciamo a sfiorare un'energia ancestrale che ci fa paura. Non perché spinti da false ideologie religiose. Il nostro corpo è in continua evoluzione e ci siamo appena accorti di essere capaci di passare a un livello superiore, bloccati solo da una moralità vecchia e obsoleta.

«*I milioni di dollari spesi in armamenti per assicurarci la pace non sono mai abbastanza*» è il messaggio che le lobby cercano di trasmetterci attraverso i capi di Stato. «*Andare nello spazio costa troppo*» è la triste scusa che nega al genere umano di oltrepassare il limite di questo pianeta per colonizzarne altri. La stessa NASA rischia di diventare storia del passato e non sa più che scuse trovare per coinvolgere nuovi investitori od ottenere nuovi finanziamenti.

Quanto tempo abbiamo impiegato per realizzare il sogno utopico di Icaro, seppure con ali artificiali?

Guardiamo ancora la Luna dalla solita faccia. Il suo lato oscuro rispecchia esattamente il livello indigeno del nostro progresso al quale siamo arenati, alimentati da una voglia mediocre. 20 luglio 1969: al primo allunaggio, tutti di fronte alla televisione. L'ignoranza scolastica è tale che, al giorno d'oggi, troppa gente pensa si tratti dell'unica volta in cui abbiamo messo piede su quella roccia illuminata dal sole. La scuola è povera di futurismo e uccide i sogni, nega lo sviluppo del progresso e incita solo a creare nuova forza lavoro.

Molti giovani finiscono a servire o lavare piatti nei ristoranti.

«*Spazio, ultima frontiera*» è una frase che, dalla fine degli anni '60, fa sognare ogni nuova generazione. Queste parole sanno ancora di fantascienza, anche se si vuol far credere di essere molto vicini a quel mondo fatto di viaggi interstellari e di teletrasporti.

Come scrittore, il mio obbiettivo è quello di mandare messaggi nelle bottiglie a tutti i lettori del mondo.

Dal mio libro, *"La Guerra del Metallo Freddo"*. Al di là dell'ambientazione situata in un futuro distopico e della guerra tra umani e automi senzienti, narro dell'uso di macchine robotizzate realizzate per costruire, piuttosto che per un uso bellico: dagli edifici più avanzati alle coltivazioni di frutta, verdura o piante, nel più grande rispetto della natura. Sembra fantascienza, ma oggi usiamo già esoscheletri per sollevare pesanti carichi dentro un magazzino di stoccaggio. Quindi, perché non immaginare un futuro in cui guidiamo enormi robot o vediamo piccoli droni dalla forma umanoide intenti ad annaffiare fiori e legumi o, chini, a raccogliere i pomodori per noi? Piccoli lavori ci permetteranno di tenerci in forma e avremo più tempo libero per sviluppare la mente ed evolverci con rapidità. Magari riuscire ad aumentare la percentuale d'uso del nostro cervello, capiente come lo spazio infinito, ma limitato nelle sue capacità.

Capire di non avere più bisogno di religioni per sopire i cattivi istinti animali che ancora albergano in noi e credere solo all'uomo come entità indipendente dai miti, richiede tempo. Forse ancora qualche secolo. Troppi i dogmi da superare!

Vorrei arrivare alla fine della mia vita e poter scegliere di rinascere macchina, senza correre il rischio di creare una copia dei ricordi di me stesso. Nel mio libro, questo problema o dubbio della trasmigrazione non è stato ancora risolto nemmeno da una civiltà più evoluta della nostra. Questa civiltà ha sconfitto la morte. Quando il loro pianeta è diventato troppo piccolo per contenere la sovrappopolazione, hanno scelto la più saggia e logica tra le opzioni possibili: partire alla colonizzazione di altri pianeti.

Essere o non essere, questo è il problema. Dobbiamo trasformarci in macchine o trovare un modo per impedire al nostro corpo di invecchiare? Oppure possiamo trovare una via di mezzo, un rimedio capace di moltiplicare la nostra aspettativa di vita oltre il millennio, regalandoci tutto il tempo necessario a esplorare l'infinità dell'universo?

E poi ci sono anche i bambini, il nostro futuro: primi protagonisti della guerra, spesso e purtroppo, cadono vittime delle armi o, se riescono a sopravvivere, vengono assorbiti dal sistema dell'occhio per occhio alimentato dalla vendetta. Quasi sempre.

La scienza ci ha permesso di scoprire come vivevano i dinosauri e come i mammiferi si siano evoluti per difendersi da questi giganti. Poi è arrivato l'uomo.

Attualmente, l'uomo ha una storia evolutiva ancora inferiore a quella dei dinosauri. Benché la sua intelligenza e il suo pollice opponibile gli abbiano permesso di giungere a una civilizzazione avanzata rispetto ai suoi antenati, è ancora lontano dalla colonizzazione spaziale. Noi, per adesso, siamo ancora scimmie ansiose di mettere piede su Marte, incapaci di attendere ai suoi cieli se non con piccoli giocattoli dal costo troppo alto. Siamo aspiranti futuristi del medioevo tecnologico. La fantasia aiuta, ma non sfama. I sogni si possono realizzare, basta svegliarsi e mettersi al lavoro anche se, questo lavoro, sarà di aiuto alle generazioni future e noi, probabilmente, saremo ricordati come pionieri il cui nome figurerà in una lunga lista che non leggerà nessuno.

LA *VEXATA QUAESTIO* DEI RAPPORTI TRA FUTURISMO E TOTALITARISMO

Riccardo Campa

Nella collettanea curata da Antonio Saccoccio e Roberto Guerra, *"Marinetti 70. Sintesi della critica futurista"* (Armando, Roma 2014), è riemersa ancora una volta la vexata quaestio dei rapporti tra Futurismo e Fascismo. Non poco è stato scritto su questo tema, ma evidentemente non è ancora stata trovata un'interpretazione storiografica sulla quale gli studiosi del Futurismo sono disposti a convergere. In genere, la tesi che «*i futuristi erano fascisti*» è sostenuta dai neofascisti che vogliono appropriarsi del Futurismo e dagli antifascisti che vogliono mandarlo al cimitero delle idee sbagliate. La tesi è invece negata dagli antifascisti o dagli a-fascisti che subiscono il fascino del Futurismo e dai fascisti più conservatori che non l'hanno mai avuto in simpatia, in ragione della sua carica dissacrante e rivoluzionaria.

Il mio articolo incluso nell'opera sopracitata era provocatoriamente intitolato *"Compagno Marinetti"*, una sorta di cortocircuito semantico, dato che l'espressione suggerisce che il Futurismo fosse addirittura nel campo opposto: quello della sinistra. Avevo, infatti, cercato di mettere in evidenza quanto di socialista era implicito o esplicito nella dottrina politica futurista. Ma non tornerò su quanto già detto. In questo articolo, mi soffermerò piuttosto sul pensiero di altri due studiosi che, nello stesso volume, si sono espressi sulla questione: Enrico Crispolti e Giorgio di Genova. Le due opinioni sono piuttosto divergenti, giacché il primo minimizza l'adesione di Marinetti al Fascismo mentre il secondo la enfatizza. Le metterò a confronto, per cercare poi di proporre una nuova lettura personale dell'intera questione.

Nel volume Storia e critica del futurismo, Crispolti aveva già segnalato l'esigenza di smitizzare definitivamente l'equazione tra Futurismo e Fascismo. Nell'intervista rilasciata a Saccoccio, *"Rileggere Marinetti: arte, critica, comunicazione, politica"* (Marinetti 70, cit., 11-16), lo studioso torna sull'argomento e rincara la dose. Sottolinea che «*i pregiudizi in questo senso, in certi ambiti culturali, sono duri a morire*» e, alludendo alla mostra sul Futurismo del Guggenheim Museum di New York, aggiunge che questo accade «*non soltanto in Italia.*» Nel catalogo dell'evento newyorkese, infatti, si legge addirittura che il Manifesto dell'aeropittura futurista aveva quale intenzione nascosta quella di promuovere la guerra aerea totale. Secondo Crispolti, «*l'equazione tout-court di futurismo e fascismo, originata sul fondamento di una reazione politica antifascista, di sinistra istituzionale, nell'immediato secondo dopoguerra, riposa ormai su frequenti rigurgiti di luoghi comuni, motivati ormai soltanto da inerte ignoranza.*»

Di segno opposto sono le conclusioni alle quali giunge Giorgio Di Genova, nell'articolo *"A proposito di Marinetti e il futurismo"* (Marinetti 70, cit., 55-58). L'autore ricorda che, dopo essere stato Sansepolcrista, Marinetti si allontana momentaneamente dal Fascismo, ma poi rientra in seno al movimento mussoliniano per restarvi fino alla fine, aderendo anche alla Repubblica Sociale di Salò. Su queste basi, Di Genova entra in polemica diretta con Crispolti. Queste le sue parole:

Stupisce, pertanto, che Enrico Crispolti, affermato studioso del Futurismo, abbia voluto minimizzare l'adesione al Fascismo di Marinetti nell'intervista concessa il 21 febbraio 2014 a Dario Pappalardo di *"Repubblica"* e intitolata *"Enrico Crispolti: Ma Marinetti non era artista del regime"*. In essa, se giustamente ricorda la manifestazione di protesta da Marinetti organizzata il 3 dicembre 1938 al Teatro delle Arti di Roma contro la condanna nazista delle avanguardie, Futurismo compreso, come *"arte degenerata"*, incomprensibilmente e contro la verità storica lo studioso giunge ad affermare che «*il Futurismo venne emarginato dalle mostre ufficiali del tempo: fu presente con le sue opere soltanto* (sic) *alla Biennale di Roma del '25 e poi a quella di Venezia del '26*», dimenticando le sale futuriste curate da Marinetti nelle successive Biennali di Venezia e nelle Quadriennali di Roma fino al 1943.

Se è vero che Mussolini non ha proclamato il Futurismo *"arte di Stato"*, nonostante l'amicizia che lo univa a Marinetti, resta anche vero che Caffeina d'Europa non fu affatto marginalizzato e, d'altro canto, fu cantore delle guerre mussoliniane anche a conflitto bellico scoppiato. Per dire, insomma, che a Marinetti non sarebbe certo dispiaciuto un posto ancora più in vista, per se stesso e per il Futurismo, nel regime fascista. «*Dimenticarlo o negarlo* – conclude Di Genova – *è un modo di mistificare la verità storica. E ciò non giova alla cultura.*»

Se le due posizioni sembrano inconciliabili, in realtà nessuno afferma il falso. Si tratta della tipica situazione in cui i fatti fondamentali sono incontestati, ma entrambi gli interlocutori ne mettono in evidenza alcuni lasciandone in disparte altri. Così, l'immagine generale risulta diversa o addirittura opposta.

Anch'io, in diverse occasioni, ho sottolineato la prevalenza delle diversità che intercorrono tra Futurismo e Fascismo, rispetto alle somiglianze, che pure non mancano. Ma, sebbene la mia posizione sembri più vicina a quella di Crispolti, io non nego affatto la verità storica di quanto afferma Di Genova. Il fatto è che, nel mio discorso, quei fatti perdono rilevanza. E ciò perché parto da due premesse che mi sembrano assenti in entrambi i discorsi. Esse nascono senz'altro dalla mia peculiare prospettiva professionale: io non mi occupo di critica d'arte, ma di filosofia politica. Partendo da altre premesse, la quaestio appare in una luce diversa. La prima tesi-premessa è che il futurismo era ben più di un movimento artistico. Nel mio *"Trattato di filosofia futurista"* (Avanguardia 21, Roma 2012), in particolare, ho mostrato come Marinetti e compagni abbiano elaborato una dottrina compiuta, che spazia dall'epistemologia all'estetica, dall'etica all'ontologia, e che include un'originale filosofia politica. E, per ribadire questo punto, mi appoggio ora anche sull'autorevole opinione di Benedetto Croce, il quale – pur ripetutamente sbeffeggiato dai futuristi – nella sua Storia d'Italia dal 1871 al 1915 (Laterza, Bari 1928) afferma quanto segue: «*Filosofie di tal fatta si susseguirono e si avvicendarono e si mescolarono: l'intuizionismo, il pragmatismo, il misticismo (e questo ora francescano o slavo o buddistico, ora modernistico o cattolicizzante, erotico-dannunziano o erotico-fogazzariano), il teosofismo, il magismo e via dicendo, compreso il "futurismo", che era, anche quello, una concezione o interpretazione della vita, e perciò, a suo modo, una filosofia.*»

La seconda tesi-premessa è che – proprio perché ci troviamo davanti a un movimento politico-filosofico – ogni sentenza di morte decretata dai critici d'arte ha un valore relativo. Il futurismo, nella sua accezione più ampia, esiste ancora. Sarà anche un movimento sotterraneo, poco visibile, non parteciperà alle Biennali né alle elezioni politiche, non sarà più sui manuali delle accademie, dato che gli stili sono per convenzione "*chiusi*" in capitoli-periodi con un inizio e una fine, né sui manuali di storia delle dottrine politiche, ma la sua esistenza nel mondo reale non può essere negata. Concediamo al limite di indicarlo con la minuscola, riservando la maiuscola al Futurismo storico, così come si concede la maiuscola soltanto ai popoli storici.

Quello che dobbiamo fare, allora, è porre correttamente la domanda. Ci stiamo chiedendo se "*i futuristi erano fascisti*"? O se "*i futuristi hanno collaborato con i fascisti*"? Sono due domande diverse. Per quanto la situazione fosse complessa, credo che in linea di massima si possa rispondere con un "no" alla prima domanda e con un "sì" alla seconda.

A questa conclusione arriviamo partendo dalle summenzionate premesse e applicando il metodo comparativo. Più in dettaglio, per stabilire l'equazione tra Futurismo e Fascismo o per negarla, deve essere stabilito a priori un criterio, dopodiché lo stesso criterio deve essere applicato a tutti gli altri movimenti e partiti del tempo, al fine di verificare se il criterio regge o se conduce all'assurdo.

Si dice che i futuristi erano fascisti perché sono scesi in piazza insieme alle camicie nere, hanno condiviso le stesse azioni politiche, hanno fatto blocco unico in certi frangenti. È questo il criterio? Proviamo allora ad applicarlo ad altri movimenti.

Dopo la marcia su Roma, nel 1922, Benito Mussolini forma un governo insieme ai liberali e ai popolari. Nel 1924, molti liberali e popolari entrano addirittura nel Listone fascista e vengono eletti in Parlamento sotto l'insegna del Fascio littorio. Abbiamo anche nomi illustri, come quelli di Vittorio Emanuele Orlando e Antonio Salandra. Ne dobbiamo dedurre che i liberali sono fascisti? O che i popolari sono fascisti?

Nel 1929 viene firmato il concordato tra l'Italia fascista e il Vaticano. I cattolici diventano ipso facto fascisti? Ovviamente, proporre queste equazioni sarebbe un errore grossolano, perché Liberalismo e Cattolicesimo sono due ideologie (nel senso gramsciano del termine) che esistevano prima del Fascismo e continuano a esistere dopo. Quello che accade, in quegli anni tumultuosi, è che gruppi consistenti di liberali e cattolici si avvicinano e allontanano dal regime fascista a seconda delle contingenze e delle convenienze.

Questo è esattamente quello che accade al movimento futurista. Anche il Futurismo esiste prima del Fascismo e continua a esistere dopo. Anche il Futurismo si avvicina e allontana dal Fascismo, a seconda delle situazioni. Nel 1919, fascisti, arditi e futuristi formano un blocco unico e quasi indistinguibile. Quando invece Mussolini imbarca in massa i picchiatori reazionari che danno fuoco alle cooperative rosse e strizza l'occhio ai poteri forti tradizionali (Monarchia, Capitale, Chiesa cattolica, Forze di polizia), i futuristi prendono le distanze dai fascisti. Quando, poi, lo stesso Mussolini consolida definitivamente il potere, grazie al supporto di liberali e cattolici, Marinetti e i futuristi si riavvicinano al Fascismo, dicendo che realizza il loro *"programma minimo"*. Possiamo anche ammettere che fu una mossa dettata da opportunismo. Ma va anche ricordato che le distanze ideologiche restano.

Quando Mussolini decreta le leggi razziali, Marinetti non firma il Manifesto della razza e, anzi, fa campagna contro. Alla fine della guerra si scopre addirittura che è stato schedato dalla polizia politica come *"Antifascista"* (G. Berghaus, Futurism and Politics, Berghahn, Oxford 1996: 282).

Questo avvicinarsi e allontanarsi significa fondamentalmente che il Futurismo aveva una sua identità ideologica, proprio come il Liberalismo e il Cattolicesimo. Questa identità la si coglie solo in un modo: leggendo i manifesti e i proclami politici dei futuristi. La diversità del Futurismo dal Fascismo-regime è fin troppo evidente. Il Fascismo-regime è monarchico, capitalista, clericale e poliziesco. I futuristi sono invece per la repubblica, l'abolizione dell'ereditarietà dei capitali, la ridefinizione della proprietà privata in funzione del bene pubblico, l'abolizione del matrimonio, il libero amore, lo svaticanamento, l'abolizione della polizia e dell'esercito di professione. Che cosa c'è di fascista in questo programma? Per via dei loro tratti anarcoidi, i futuristi sono palesemente meno reazionari dei liberali e dei cattolici.

Se il futurismo è una filosofia politica, non ha proprio senso chiedersi se i futuristi storici fossero fascisti. È come se, dopo avere convenuto che l'Islam è una religione, ci chiedessimo se i musulmani sono cristiani. E magari qualcuno, rispondendo positivamente, portasse come prova il fatto che, nel Corano, Gesù Cristo è annoverato tra i profeti.

Marinetti, dicendo che Mussolini realizza il programma minimo futurista, ammette però di essere *"in certa misura"* fascista. Vero. Non dimentichiamo, però, che persino tra gli oppositori del regime c'era chi mostrava una certa indulgenza verso il fenomeno, o che si riconosceva in alcune idee del movimento fascista, allora evidentemente non percepito come *"il male assoluto"*. In altre parole, filosofie politiche diverse possono avere alcuni punti programmatici uguali.

Faremo solo un esempio. Nell'agosto del 1936, dopo che le camicie nere avevano gasato gli etiopi, Palmiro Togliatti e altri sessanta dirigenti del Partito Comunista firmano il famoso *"Appello ai fratelli in camicia nera"* – rectius, il documento *"Per la salvezza dell'Italia. Riconciliazione del popolo italiano"* («Stato operaio», n. 8, 1936, pp. 513-536). I comunisti scrivono:

> «*Italiani! La causa dei nostri mali e delle nostre miserie è nel fatto che l'Italia è dominata da un pugno di grandi capitalisti, parassiti del lavoro della Nazione. Solo l'unione fraterna del popolo italiano, raggiunta attraverso alla riconciliazione tra fascisti e non fascisti, potrà abbattere la potenza dei pescicani nel nostro paese e potrà strappare le promesse che per molti anni sono state fatte alle masse popolari e che non sono state mantenute.*»

Fin qui si parla di riconciliazione tra fascisti e non fascisti, sotto il concetto della Nazione italiana. Ideale che i comunisti contemporanei non sembrano più avere a cuore, avendo trasformato l'internazionalismo (concetto che presume le nazioni) in un vago globalismo. Il patriottismo dei vecchi comunisti è stato soppiantato altri ideali, come il femminismo, l'ecologia, il pacifismo, il culto dei migranti. Piuttosto significativamente, nel documento, si cerca un terreno comune con i fascisti nel nome della tecnica, dell'industria, del lavoro, ovvero facendo leva su temi *"futuristi"*.

Guardate, figli d'Italia, fratelli nostri, guardate i gioielli dell'industria torinese, le mille ciminiere di Milano e della Lombardia, i cantieri della Liguria e della Campania, le mille e mille fabbriche sparse nella Penisola, dalle quali escono macchine perfette e prodotti magnifici che nulla hanno da invidiare a quelli fabbricati in altri paesi. Tutta questa ricchezza l'avete creata voi, operai italiani: l'ha creata il vostro lavoro intelligente e tenace, accoppiato al genio dei nostri ingegneri e dei nostri tecnici.

Nel documento del Partito Comunista d'Italia, emerge una precisa concezione etno-identitaria: esiste un popolo italiano, diverso dagli altri popoli, e la sua specificità – qui si riprende un tema marinettiano – sta nella genialità, nella creatività, nella laboriosità intelligente. Togliatti e compagni affermano perentoriamente: «*Queste opere le avete create voi, con il vostro lavoro, operai italiani, voi che avete fatto dare al nostro popolo il nome di "popolo di costruttori".*»

Si badi anche che, pur essendo l'analisi incentrata sulle conseguenze della guerra in Abissinia, non c'è una chiara parola di condanna per il colonialismo. Si denuncia piuttosto il fatto che dalla conquista dell'Impero traggono più benefici i capitalisti che non il popolo. Evidentemente, agli estensori non pareva così scandaloso che un *"popolo di costruttori"* andasse a *"civilizzare"* un popolo più arretrato. Del resto, questo pareva del tutto lecito allo stesso Karl Marx, il quale non parlava solo di diversità dei popoli, ma li distingueva in *"più civilizzati"* e *"meno civilizzati"*. Noto il suo elogio alla borghesia, nel Manifesto del partito comunista, per l'azione civilizzatrice che esercita nel mondo: «*La borghesia ha sottratto una parte considerevole della popolazione all'idiotismo della vita nei campi. Come ha assoggettato la campagna dalla città, così ha sottomesso i popoli barbari e semibarbari a quelli civilizzati, i popoli contadini a quelli borghesi, l'Oriente all'Occidente*» (K. Marx, Le opere che hanno cambiato il mondo, Newton, Roma 2011: 328). Sicché, il vero anacronismo sta in quelle analisi fabbricate dai comunisti odierni che cercano di minimizzare o disconoscere questi documenti, sulla base di nuove sensibilità, invece di inquadrarli nel tempo in cui sono nati.

Ed ecco l'appello vero e proprio ai fratelli in camicia nera:

«*Il programma fascista del 1919 non è stato realizzato! Popolo Italiano! Fascisti della vecchia guardia! Giovani fascisti! Noi proclamiamo che siamo disposti a combattere assieme a voi ed a tutto il popolo italiano per la realizzazione del programma fascista del 1919, e per ogni rivendicazione che esprima un interesse immediato, particolare o generale, dei lavoratori e del popolo italiano. (...) Lavoratore Fascista, noi ti diamo la mano perché con te vogliamo costruire l'Italia del Lavoro. È ora di prendere il manganello contro i capitalisti... noi non vogliamo più abbattere il Fascismo. (...) Abbiamo la stessa ambizione: quella di fare l'Italia forte, libera e felice.*»

Anche i comunisti, dunque, si dicono *"in certa misura"* fascisti. Quello del 1919 è lo stesso programma per cui combattevano i futuristi e gli arditi della prima ora. È lo stesso programma che induce Pietro Nenni, destinato a diventare una delle più grandi figure del socialismo italiano, a fondare il Fascio di combattimento di Bologna. Nenni, proprio come i futuristi, si allontanò dai fascisti quando divennero manifestamente reazionari.

L'appello viene redatto quando il regime fascista sembra invincibile. Successivamente, nel momento in cui il quadro storico cambia e il Fascismo esce sconfitto dalla guerra, Togliatti prende le distanze dal documento. Si diffonde la voce che in privato lo aveva definito *"una coglioneria"*. La colpa viene addossata interamente a Ruggero Grieco, che pure non era uno che passava di lì per caso, essendo stato il segretario generale del PCd'I dal 1934 al 1938.

In realtà, Gino Candreva, documenti alla mano, ha dimostrato che l'appello ai giovani fascisti e alle camicie nere della prima ora è stato preparato a Mosca, con il pieno appoggio di Togliatti. Il *"fronte unico con i fascisti"*, in luogo di quello antifascista con i socialisti e con Giustizia e Libertà, è la linea politica sostenuta da Dmitrij Zacharovič Manuilskij nella seduta dell'esecutivo del Comintern del dicembre 1935. L'approvazione di tutta la dirigenza è confermata da un rapporto redatto da Togliatti nel 1937 per Dimitrov e Manuilskij, in cui il leader italiano dice che «*la linea dell'agitazione del programma fascista del 1919 è stata concordata in conversazioni che abbiamo avuto con Furini nel mese di luglio*» (Cfr. Candreva, La "coglioneria" di Togliatti, Zapruder, 35, 2014: 97).

Grieco fu, sì, accusato di *"coglioneria"*, per scagionare il resto del partito, ma al termine della guerra fu comunque candidato alla Costituente e poi eletto senatore nelle file del PCI, carica che ricoprirà fino alla morte avvenuta nel 1955. Per dire che si è trattato di un teatrino per rassicurare i militanti più disorientati.

Diciamo allora che, sulla valutazione dei rapporti intervenuti tra Futurismo e Fascismo, pesa innanzitutto la circostanza che Marinetti è morto nel 1944. Se fosse sopravvissuto per altri due decenni, avrebbe riacquistato una verginità, senza nemmeno dover fare abiura. Bastava far passare un po' d'acqua sotto i ponti, come hanno fatto tanti altri. In fondo, anche Giorgio Napolitano era fascista, Pietro Ingrao era fascista, Eugenio Scalfari era fascista, Giorgio Bocca era fascista. E questa lista potrebbe allungarsi ad libitum. Come ha giustamente sottolineato Winston Churchill gli Italiani sono un popolo bizzarro, «*un giorno 45 milioni di fascisti. Il giorno successivo 45 milioni tra antifascisti e partigiani. Eppure questi 90 milioni di italiani non risultano dai censimenti.*»

Certamente, ci sono anche personaggi storici che sono sempre stati antifascisti, senza ambiguità. Possiamo fare i nomi di tre grandi socialisti: Giacomo Matteotti, Sandro Pertini e Carlo Rosselli. Credo però che sia giusto ricordare che nel fronte antifascista c'era anche un movimento di impronta *"futurista"*: gli Arditi del Popolo (Cfr. Marco Rossi, Arditi non gendarmi! BFS, Pisa 1997). Respingono armi in pugno le camicie nere a Sarzana, Livorno e Parma. Combattono contro un movimento fascista in ascesa e senza aiuti esterni, non contro un regime in agonia e con l'aiuto dagli Alleati. Eppure, gli Arditi del Popolo sono stati completamente rimossi dalla memoria collettiva, a destra come a sinistra. Un eroe antifascista che il 25 aprile nessuno ricorda, è Argo Secondari, tenente pluridecorato degli Arditi assaltatori, di tendenze anarchiche, fondatore degli Arditi del Popolo insieme al futurista Mario Carli, brutalmente bastonato dai fascisti nel 1922 fino a causargli danni cerebrali permanenti, rinchiuso in manicomio per diciotto anni, morto nel 1942 a soli quarantasei anni. Nessuno lo ricorda perché Secondari era antifascista non nel 1945 ma nel 1921, ovvero quando la sinistra istituzionale prendeva le distanze dagli Arditi del Popolo, per poi pentirsene amaramente. La sinistra post-sessantottina non lo ricorda, perché Secondari era un patriota, un militare, un ardito addirittura. È un simbolo incompatibile con il suo attuale immaginario pacifista, ecologista, femminista. La destra non lo ricorda perché era contro il regime, contro l'ordine, contro la tradizione.

Mi rendo conto che questi discorsi, volti a portare alla luce una verità storica complessa, pronti a confrontarsi con le zone grigie, con i fatti che non si lasciano facilmente inquadrare negli schemi preconfezionati dei rossi contro i neri, dei buoni contro i cattivi, scontentano gli antifascisti retorici come i nostalgici del Ventennio. Tuttavia, credo che dobbiamo ancora cercare, per quanto possibile, di tenere distinta la storiografia dalla propaganda politica. Così come dobbiamo tenere sempre presente che la cultura e la politica, pur profondamente interconnesse, restano in linea di principio due "*cose*" distinte.

Quest'ultima osservazione è indirizzata a coloro che non accettano le nostre due premesse e vogliono continuare a interpretare il Futurismo come un movimento prettamente artistico, nonché a tenere ferma la sua vicinanza al Fascismo come fatto compromettente. Abbiamo una risposta anche a questa narrazione. I contributi culturali rispondono a domande diverse. Semplificando all'osso, i contributi etico-politici rispondono alla domanda: "*Che cosa è giusto?*"; i contributi scientifici rispondono alla domanda: "*Che cosa è vero?*"; i contributi artistici rispondono alla domanda: "*Che cosa è bello?*". Se così stanno le cose, è a dir poco puerile squalificare un contributo culturale sulla base delle idee politiche del contributore, a meno che il contributo non riguardi precipuamente la sfera della filosofia politica.

Se il criterio di valutazione è quello della tessera politica, applichiamolo anche ad altri protagonisti di quel periodo e vediamo che cosa succede. Si consideri che anche Gabriele D'Annunzio era fascista, Vilfredo Pareto era fascista, Luigi Pirandello era fascista, Guglielmo Marconi era fascista. Per questa ragione i poemi di D'Annunzio vanno eliminati dai manuali di letteratura italiana? L'ottimo paretiano e le curve d'indifferenza devono essere bandite dall'analisi economica? Ritiriamo il Nobel a Pirandello? Smettiamo di ascoltare la radio o affermiamo che non funziona perché il suo inventore indossava il fez e la camicia nera? Come possiamo notare, anche questo criterio, una volta applicato a tutti i casi, conduce all'assurdo. L'opinione politica di uno scienziato non ha conseguenze dirette sulla validità delle sue teorie, così come l'ideale politico di un artista non ha di necessità conseguenze sulla bellezza delle sue creazioni.

In conclusione, se si accetta l'idea che il futurismo è una filosofia politica, come io sostengo da sempre, non ha senso chiedersi se i futuristi del XX secolo fossero fascisti; mentre, se si accetta l'idea che il futurismo è null'altro che una corrente artistico-letteraria, il nostro giudizio dovrebbe rimanere ancorato a criteri squisitamente estetici.

L'IMMAGINE ELETTRONICA

Tonino Casula

INCIPIT

Anche se attualmente mi occupo solo di cortronici e delle loro implicazioni tra immagine e suono, vengo da una lunga carriera di pittore, durante la quale, com'è giusto che sia per ogni pittore, ne ho fatto di tutti i colori. Alla fine degli anni '80, mi sono domandato se, come artista, vivevo davvero il mio tempo e, trovandomi sommerso da un oceano di oggetti da appendere al muro (quadri), ho capito che, nella ricerca delle mie poetiche di lavoro, volgevo il mio sguardo al passato.

Così, ho preso ad amare il computer e a produrre, con questa macchina, dapprima le mie computer graphics, poi le diafanie e i cortronico bidimensionali, a cui sono seguiti i cortronici tridimensionali. Decisi di chiamare cortronici i miei video dopo che il poeta visivo Gianni Toti mi definì pittronico (pittore elettronico). I mie cortronici sono bidimensionali o tridimensionali, a seconda che siano realizzati con programmi bidimensionali o tridimensionali, cortronici tridimensionali a visione stereoscopica per gli ultimi video realizzati più col sistema 3D del cinema.

L'IMMAGINE ELETTRONICA OGGI

L'elettronica ha facilitato il lavoro di chiunque desideri tradurre in immagini cose e pensieri. E questo riguarda tutti, sia chi si occupa di televisione e sta dietro una telecamera dei Rete 4, sia la mitica casalinga di Voghera che fotografa la nipotina con una camera digitale trovata nel fustino del detersivo. Il problema si pone diversamente per chi, come me, utilizza l'elettronica con finalità artistiche.

Allora, il problema si divarica in due direzioni: lasciare che le opere nascano dai pensieri sublimi degli artisti (per statuto, pare che essi ne abbiano la testa piena), per realizzarsi attraverso un uso libero, inconsueto e non banale dei linguaggi; oppure lasciare che i pensieri sublimi nascano direttamente da un uso libero, inconsueto e non banale dei linguaggi. In quest'ultimo caso, i pensieri (sublimi e non) non vengono fuori dalla mente degli artisti, ma la impegnano man mano che l'opera si va facendo, e solo alla fine si alloggiano nella loro mente. Io sono per questa seconda ipotesi di lavoro: intanto, perché non credo d'avere, in quanto artista, pensieri più sublimi di quelli che potrebbe avere la mitica casalinga di cui sopra.

So però che, lavorando in quel modo, cioè inseguendo liberamente i linguaggi, le opportunità di incappare nella nascita di pensieri sublimi sono più numerose di quelle che spetterebbero alla casalinga. È solo per l'uso libero, insolito e non banale dei linguaggi da parte mia che mi sento in vantaggio, rispetto a lei. Ma so per certo che, di questo mio vantaggio, a lei non importa niente. E forse neppure a me.

ARTE E SOCIETÀ

Uno dei luoghi comuni più frequenti, assieme a quello secondo cui gli artisti prevedrebbero il futuro, è che la funzione principale dell'arte sia quella di cambiare la società. Non è vero. L'arte è sempre al servizio dei potenti, anche quando sembra contestarli e anche quando sembra porsi alla portata di tutti. Chi ha cambiato le società sono gli inventori della lampadina e, più indietro nel tempo, del cacciavite e delle punte di lancia. L'arte serve agli artisti per il loro bisogno di innovare e verificare in continuazione i linguaggi, col fine di arricchirli e arricchirsene, oltre che, perché no, metterli a disposizione di tutti, dove tutti, però, non sono indistintamente tutti, bensì i possessori degli strumenti culturali opportuni.

Non c'entra la squisita sensibilità – un bicchiere d'acqua che non si nega a nessuno – con cui gli uomini si accosterebbero all'arte (altro luogo comune). C'entra invece la cultura (il possesso degli strumenti opportuni, appunto), che però non è equamente distribuita. E c'entra il denaro, che contribuisce non poco a distribuirla.

IL FUTURO

Non farò certo carte false per entrare nell'eternità, progetto che lascio a certi politici assatanati. Invece, condivido l'idea di un futuro sempre più determinato dalla tecnologia. Ma si tratta di una mia curiosità intellettuale e, se vuoi forzando un po', artistica, nel senso che mi piacerebbe domandarmi in continuazione «cosa potrebbe succedere se...», di fronte agli eventi della vita. Artistica perché è la posizione che assumo sempre quando lavoro, di fronte alle scelte che devo fare di volta in volta, man mano che il lavoro procede, incrociando piacevolmente contraddizioni e malintesi, errori e successi, tutta merce preziosa che aiuta la mia mente a sentirsi libera, senza il bisogno di trasformare la libertà conquistata in qualcosa di utile.

THE ARABIAN FUTURISM

Pierluigi Casalino

FUTURISMO MAGICO

Un confortante segnale di ritorno al futuro nel mondo arabo-islamico si avverte dopo le elezioni tunisine, che, come avevo previsto da tempo, rappresentano un principio di inversione di tendenza non solo tra le intelligenze arabe, ma anche tra la gente comune, che ritiene sempre più di preservare l'aspetto religioso dall'invadenza di oscuri disegni politico-economici.

Le stesse primavere arabe hanno risentito troppo a lungo di strumentalizzazioni, oltre che del prevalere di ondate irrazionali. La rinascita araba, soffocata troppo presto da pretese re-islamizzazioni dell'Islam, sembra ora riprendere quota, in un momento che anche i subdoli registi della deriva integralista percepiscono un pericoloso effetto boomerang, in casa loro, della propaganda ultra-ortodossa.

In questo quadro e alla luce di una rinnovata ansia di modernizzazione in vasti settori delle società arabe, il futurismo arabo, nel senso più autentico, riprende slancio e, aldilà delle convinzioni e degli schieramenti, si appresta a essere lievito di una seria stagione di riforme.

Un filone che si riallaccia al razionalismo arabo della classicità. La stessa arte araba, lungi dall'essere ingessata da ipoteche clericali, ritrova quegli spazi di laicità e di rivisitazione dionisiaco-apollinea che gli spiriti magni dell'invenzione e della creatività poetica avevano proposto alla cultura mondiale.

Di Ungaretti e del suo sentire l'influenza del deserto e delle sollecitazioni di un Egitto cosmopolitica ho avuto modo di intrattenermi sulle pagine dell'Asino Rosso qualche anno fa, Analogamente, ma con una maggiore vis universalista e di sfida nel nome della modernità che avanza, si può dire del genio futurista. Filippo Tommaso Marinetti respirò dall'infanzia l'atmosfera felicemente contraddittoria delle diversità dell'Egitto di allora, ancora lontano dalle tentazioni dei Fratelli Musulmani, e in piena scoperta della modernità. Tale clima fertile stimolò l'indole dissacrante e audace di Marinetti, che in tale crogiolo di idee e culture maturò la grande visione futurista.

Il futurismo può certamente configurarsi come svolta diversamente moderna nei paesi arabi, anche se mi piace parlare di neo-futurismo arabo. Le energie intellettuali di quelle società sono spesso trascurate dalla critica occidentale, più preoccupata di evidenziare le storture del degrado islamista. Eppure la linfa moderna sta dando i suoi frutti e se sfugge ai più è perché si conosce poco il movimento sotterraneo che si agita sotto gli stereotipi.

MARINETTI E L'AMORE FUTURISTA

Freudianamente parlando (come accennato il padre del futurismo visse la sua infanzia a Alessandria d'Egitto) Marinetti cercò spesso di far crollare le barriere tra finzione e sequenze autobiografiche.
Tra le tematiche emerse in questo contesto, in tal senso psicologico stretto, si distingueva la ricerca del nuovo nome dell'amore. Questo viene, soprattutto in chiave rivoluzionaria, dichiarato futurista, assolutamente futurista. Un concetto che nella visone marinettiana viene futurizzata, nella prospettiva di un superamento artistico-tecnologico della donna e dell'amore meramente riproduttivo.
D'altra parte Marinetti puntava a sciogliere l'amore da

preconcetti passatisti come denaro, dovere, virtù, vecchiaia, monotonia, noia del cuore, stanchezza della carne, stupidità del sangue, leggi sociali e quant'altro soffocasse lo slancio innovatore di un sentimento antico e tuttora non liberamente espresso.

In un'opera, in particolare, Marinetti fonda la sua teoria amorosa futurista: "Elettricità sessuale". Un lavoro che tuttavia evidenzia il duplice atteggiamento di Marinetti (e comunque del futurismo) nei confronti della civiltà delle macchine: le invenzioni tecnologiche - e oggi Marinetti avrebbe molto da dire - non sono solo frutto e opere dell'immaginazione, ma rappresentano "le estensioni protesiche" dell'umanità.

Se da un lato il disegno di Marinetti è quello di dimostrare che con la metallizzazione della carne si perviene al superamento della morte, dall'altro si configura come una grave minaccia che rischia di trascinare l'amore in un processo di ripetitività e di standardizzazione che possono mettere a repentaglio la base afrodisiaca della famiglia. In tale quadro, il ruolo della donna viene accostato a quello degli automi elettromagnetici.

La donna come propulsore dei desideri e quindi in grado di assolvere un compito di libertà e di progresso sociale: Marinetti paragona la donna all'elica e a un tempo al suo contrario che spinge indietro l'uomo futurista: la donna in Marinetti resta, anche, una creatura da corteggiare e poi abbandonare, per andare oltre.

La donna, per concludere, luce e ombra futurista, amica e nemica della rivoluzione futurista.

TRANSUMANESIMO MAGICO

Ada Cattaneo

PER UNA SOCIETÀ TRANSUMANISTA

L'impegno letterario e metapolitico – come *"depositaria"* dei valori e delle tradizioni cui mi rifaccio – e scientifico – in qualità di docente di sociologia, ricercatrice, e in generale studiosa di trend, consumi, comunicazione, marketing e simili tematiche – sono due modi complementari per esplorare le dinamiche socioculturali, i cambiamenti, i valori e le identità collettive e personali precedenti e odierni anche in rapporto all'evoluzione della tecnologia e delle *hard sciences*.

D'altro canto le logiche fondanti e i tratti distintivi dell'era in stato nascente non contemplano più la fuorviante antinomia tra razionalità ed emotività. Di conseguenza non stupisce che la mia passione per le leggende e le tradizioni si fonda armoniosamente con l'accademico-professionale consentendomi di avere un approccio sincreclettico agli argomenti affrontati in ciascuno dei miei ruoli.

Contestualizzando i fenomeni in una prospettiva diacronica cerco di vedere oltre il loro aspetto superficiale, ne indago le scaturigini, le dinamiche, le probabili evoluzioni, e mi sforzo di superare le miopie e le presbiopie di molti colleghi.

TRADIZIONE E FUTURO

Gettare uno sguardo sul passato, sulle nostre radici, mi fornisce una valida chiave di lettura del presente nonché una base per ipotizzare plausibili scenari a venire. Il fascino di ciò è che applico il concetto nietzschiano del tempo sferico in virtù del quale, come sostiene il futurista e transumanista Stefano Vaj, la nostra identità, più che nell'esistente, è nel destino che ci creiamo, il quale a sua volta dipende dal passato che ci diamo. Ammesso che quest'ultimo rimandi ad esempio all'eredità (indo)europea, il primo offre una prospettiva nettamente diversa dall'attuale mondo disincantato, standardizzato, mondializzato.

E se è vero che la modernità e la postmodernità hanno tentato di sradicarci spingendoci al nichilismo negativo, oggi si sta formando un sostrato culturale favorevole all'avvento di una nuova era. Ma, perché le attuali tenebre apocalittico-catastrofiste, o nella migliore delle ipotesi asfitticamente stagnanti, si dileguino, è indispensabile passare attraverso il nichilismo positivo, con il sovvertimento dei valori precedenti e l'affermarsi ancora una volta di un paradigma inedito.

Nietzsche diceva: «*L'avvenire apparterrà a chi avrà la memoria più lunga.*» Naturalmente, l'attualità oggi appartiene all'Ultimo Uomo, al protagonista della fine della storia, che saltella schiacciando l'occhio su un pianeta che diventa sempre più piccolo, alla ricerca della sua piccola felicità individuale. Ma se un avvenire ha ancora da essere, non potrà che appartenere a chi saprà coniugare le radici più profonde (la tradizione) con il futuro più grandioso (il progetto) attraverso l'impegno culturale, artistico, metapolitico nel presente.

IL NUOVO FANTASTICO POPOLARE

In termini ideologici e di analisi culturale sono abbastanza diffidente rispetto al fenomeno sociologico della crescente diffusione del *"fantastico popolare"*, che sarebbe più corretto definire *"fantastico commerciale"*. Si tratti di fantasy, fantascienza o storia romanzata, in molti casi non siamo di fronte a null'altro che al saccheggio di un materiale mitico più o meno travisato, mal digerito, spesso addomesticato – e non di rado cambiato di segno in omaggio a una *political correct-*

ness del tutto contemporanea! – per creare prodotti culturali di largo e pronto consumo: film, videogiochi, fumetti, romanzi-spazzatura, serie televisive...

Di questo mi interesso come sociologa dei consumi: per constatare come si tratti di un fantastico che non esorta più a divenire ciò che siamo – o meglio ancora a divenire più di ciò che siamo – ma semplicemente a fornirci un simulacro dolciastro delle vere imprese, delle grandi emozioni, dei sentimenti violenti e dell'avventura che siamo troppo decadenti, come individui e come società, per vivere nel mondo reale.

Da tale considerazione nasce anche il mio tentativo di contribuire a una riappropriazione del vero fantastico popolare: quello che non mette insieme in un minestrone hollywoodiano supersoldati americani, dèi norreni e miliardari cardiopatici con esoscheletro affinché il *coach potato* globalizzato si senta solleticato per un attimo nel tedio di una vita insignificante, ma che ci parla delle tradizioni e della visione del mondo dei popoli cui apparteniamo.

EPICURO E L'EDONISMO 2.0 NELLA SOCIETÀ DELL'HOMO CONSUMENS

Epicuro era il filosofo di una civilizzazione ellenistica al crepuscolo e già marcata dalle infezioni che qualche secolo dopo ne determineranno il crollo. La società consumistica contemporanea non è però una società davvero dedita al piacere, che deriva solo dalla ricerca del sublime, e alla gioia.

Queste sono sensazioni forti e peccaminose, guardate con sospetto dalla mentalità pavida, egualitaria, remissiva di chi – come dicevo – è incline soprattutto alla ricerca elusiva di una piccola mediocre felicità individuale, intesa essenzialmente come assenza di minacce o stimoli negativi, magari da estendere buonisticamente al prossimo, indipendentemente da cosa tale prossimo ne possa pensare.

Naturalmente è possibile il ritorno a un atteggiamento al tempo stesso più tradizionale e più futurista, e certo non necessariamente ascetico, pauperista o decrescentista, in cui la vita ha un senso non di per sé ma per quello che uno riesce a farne, e anche l'ebrezza, l'eccesso e il potlach hanno il loro posto.

PER UN'ARTE TRANSUMANISTA

Il transumanesimo è l'idea secondo cui l'uomo possa e debba far uso degli strumenti che la tecnica via via mette a sua disposizione per superarsi e accrescere la propria capacità di plasmare se stesso e il mondo in cui vive. In questo senso non solo costituisce da sempre l'essenza di ciò che essere *"umani"* rappresenta, ma anche la vera caratteristica identificante di quella che Spengler chiamava non a caso "civiltà faustiana" – che oggi giunge al capolinea, ma di cui siamo gli eredi e che possiamo, se lo vogliamo, trasfigurare in un'era postumanista e letteralmente postumana.

Come dice Stefano Vaj in *"Biopolitica. Il nuovo paradigma"*, l'unica cosa che sappiamo con certezza del futuro della nostra specie e della nostra razza è che esso si trova di fronte a noi. Sappiamo anche che non esiste possibile "ritorno al passato". Può esserci solo un ritorno (propriamente: l'Eterno Ritorno) di ciò che in passato ci ha consentito di affrontare sfide nuove e affermare noi stessi.

La nostra inquieta esplorazione del mondo, le tecniche che ne discendono, ci condannano a delle scelte, ci offrono dei poteri, ma non possono dirci cosa farne. Questo non appartiene agli ingegneri o agli scienziati o ai giuristi, ma agli *"eroi fondatori"*, ai poeti, e alle aristocrazie che sanno tradurre in atto l'oscura volontà collettiva della comunità popolare da cui emanano, costruendole monumenti destinati a sfidare l'eternità, lasciando dietro di sé *"una gloria che non muore"*.

Wagner, d'Annunzio o Marinetti non sono naturalmente la stessa cosa di Omero, ma se siamo davvero uomini in transizione verso un futuro postumano è solo la creazione artistica nel senso più ampio e collettivo del termine che potrà darcene la motivazione e la direzione e prima ancora l'immaginazione... fantastica.

METATEISMO E FUTURISMO

Davide Foschi

Il Metateismo riscopre il gusto dell'avanguardia, quella vera, vissuta, sofferta e visionaria che dai tempi del Futurismo in Italia – e non solo – si è persa. Il termine, anche e soprattutto per motivi ideologici, è stato trasferito e abusato in campo politico ma, per definizione, l'avanguardia non può essere fonte di schematizzazione e classificazione.

L'avanguardia, come dice il termine stesso, deve essere una visione preventiva del futuro, al di là di vecchie concezioni comode solo alla sopravvivenza di se stesse. In questo caso il Metateismo, che principalmente dichiara la non aderenza a nessun dogma ricollocando l'essere umano al centro di ogni nostra azione, pensiero e sentimento, non si pone come una possibile visione di parte ma come una scelta di vita: il futuro sarà legato alla meccanizzazione totalizzante o alla riscoperta dello spirito umano?

Ecco perché il termine Metateismo si accompagna all'assunto *"verso un Nuovo Rinascimento"* dove, proprio come secoli fa, quando l'Italia era culturalmente il faro del mondo, la libertà dell'Uomo non è più sottoposta alla tecnologia o alla tecnocrazia, per usare un termine più preciso, ma lo spirito umano ha la possibilità di evolversi in un campo, la vita, che non è più classificabile in cultura, arte, scienza o economia, come fossero settori separati e in conflitto.

Detto questo, il Metateismo è assolutamente nella direzione delle nuove tecnologie, ma non come schiavizzanti della nostra libertà bensì operanti a favore di essa; ed ecco perché è possibile vivere grandi eventi solo in prima persona e dal vivo e allo stesso tempo raccogliere ogni informazione e diffondere ogni messaggio attraverso il web, in una grande rete che ormai non è solo italiana, ma mondiale.

BREVE STORIA DEL METATEISMO

Il Metateismo, come movimento artistico e culturale, nasce a seguito delle teorie apocalittico-millenariste collegate alle presunte profezie Maya, il 21 dicembre 2012. In quella notte iniziai a scrivere un manifesto che, partendo dalle mie conoscenze – poi raccontate nel libro biografico scritto da Alberto Sacchetti *"Il segreto di Foschi: l'artista tra luce e mistero"* (Book Time Ed.) – parlasse del mondo che davvero è e sarà, partendo dal presupposto che sarà il nostro presente a determinarne lo sviluppo.

Niente fine del mondo ma neanche rivoluzione, entrambe soluzioni comode e affrettate di chi si affida ad altrui interpretazioni, sprecando tutte le proprie energie e quelle degli altri in processi che inevitabilmente portano al nulla in un caso e alla sciagura della controrivoluzione nell'altro.

La parola magica è Evoluzione ma non nel senso darwiniano, legato a una limitatissima visone della vita biologica come processo meccanico e necessario spinto dalla sopravvivenza. Da qui il termine *"Evoluzionario"*. Gli Evoluzionari sono tutti coloro che si riconoscono nei principi di questo manifesto, che sentono come lo spirito umano possa assolutamente modificare (nel bene e nel male) le sorti di questo mondo, al di là delle leggi naturali. Ne consegue una presa di responsabilità, al di là di ogni credo fideistico o antifideistico.

Rimettere l'essere umano al centro significa saper collaborare con chi crede e con chi non crede, non solo in campo religioso ma politico, sociale, economico, scientifico e artistico. Entrambe le posizioni, se non son schiave del dogmatismo, non sono opposte e in conflitto ma diventano importanti in un processo hegeliano di tesi, antitesi con sintesi finale, unica modalità possibile per procedere nel cammino dell'evoluzione.

La stesura del manifesto durò dodici notti, dopo le quali lo pubblicai e nel giro di poche settimane iniziarono a giungere prima centinaia poi migliaia di adesioni e sottoscrizioni, partendo dall'Italia fino a raggiungere tanti paesi nel mondo.

OBIETTIVI METATEISTI

Stiamo per accingerci a una fase nuova, diciamo che l'evoluzione è in atto.

Prossimi appuntamenti live sono grandi eventi dove porterò alcune mie opere ormai storiche, come è successo al Museo d'Arte e Scienza e a Palazzo Giureconsulti di Milano durante Expo, prima tra tutte *"L'Ultima Cena - La Nuova Cena"* un dipinto che ha ottenuto un successo straordinario e che oggi è richiesto in tanti luoghi prestigiosi in Italia e all'estero, così come *"La Pietà"* – detta anche l'opera del mistero – non fotografabile in quanto, a oggi, si sta rivelando un vero e proprio caso scientifico; il dipinto infatti, nato a Pasqua del 2009 in un mio stato di trance, ha mostrato fin da subito alcuni elementi che non sono spiegabili, nonostante gli studi di vari esperti, come i cambiamenti che l'opera presenta, all'improvviso, ogni nove mesi circa, senza colori aggiunti dall'esterno ma come impressi sulla tela.

Con queste opere protagoniste, ci sono già state grandi mostre a Milano, a Roma e nel 2016/17 all'estero. È iniziato poi il tour per le presentazioni del libro biografico di cui ho parlato prima e del Catalogo Mondadori su di me e sul Movimento nelle principali città italiane.

Poi ci sono tutte le sinergie con le altre discipline: è nato il *Manifesto della Cucina Metateista*, con grandi ristoratori che fanno parte del movimento, quello dell'*Economia Metateista* con imprenditori e aziende con cui sto portando avanti un nuovo modo di agire sul sociale, ne sta nascendo uno per l'esperienza multisensoriale basato sul *Profumo Metateista*, esposto per la prima volta a Firenze in collaborazione con

Onyrico, una straordinaria linea di profumi d'arte.

Mi aspetto di proseguire in grande stile, sicuro che il 2016 e il 2017 saranno anni splendidi e decisivi, con i tanti eventi importanti che questo *Nuovo Rinascimento* porterà in sedi istituzionali, in collaborazione con il *Centro Leonardo da Vinci* che abbiamo creato a Milano, sede ufficiale del Metateismo e da poco nominata dal quotidiano Il Giorno tra le 10 location più interessanti della città.

A frequentare il Centro sono artisti, autori e poeti, medici e scienziati, chef e giornalisti, imprenditori e tanti cittadini coinvolti, sottoscrittori e simpatizzanti, in Italia e nel mondo, della nostra idea di *Nuovo Rinascimento*.

LIBERTÀ E RESPONSABILITÀ: LE VIRTUOSE RADICI DEL FUTURO

Sergio Gessi

SALVAGUARDIAMO LA SATIRA, TERAPEUTICA LIBERTÀ DI PUNGERE

È il bambino che punta il dito e grida: "il re è nudo". A un anno dalla strage di Charlie Hebdo si ripropone il dibattito sulla satira. Fastidiosa ma utile, ci mostra ciò che spesso non vediamo. Sbagliato pensare di regolamentarla su base etica, perché l'etica è disciplina individuale del comportamento, autoimposta secondo la logica dell'imperativo kantiano della quale dunque è artefice il soggetto stesso, ciascuno per sé. Quando invece si tenta di imporla la si trasforma in morale, ossia in un vincolo esterno, con il forte rischio di inciampare nel moralismo, cioè nella pretesa di condizionare su base valoriale le scelte di ognuno.

A limitare il comportamento e a tutelare i diritti di ciascuno da eventuali infrazioni opera la legge, cioè il codice giuridico che vincola l'azione definendo ciò che è lecito e ciò che non lo è, e prescrivendo di conseguenza le sanzioni per i trasgressori. Al di là della legge ogni altro vincolo si configura come censura.

Oltre questo confine, dunque, anche l'autore satirico deve essere pienamente libero di esprimersi secondo estro e coscienza, proprio come l'artista. Perché, come l'artista, sovverte i paradigmi comuni, provoca e può essere urticante; ma non va per questo sanzionato. La satira, poi, in particolare è sberleffo nei confronti del potere. Di ogni potere. Ed è una manifestazione di dissenso nonché una forma di esercizio del diritto di resistenza a qualsiasi pretesa di egemonia. E siccome la morale si pone sul piano della conformità, mentre l'arte e la satira agiscono controcorrente e sono trasgressive, il giudizio non può essere di ordine morale.

Ma il rischio di una sovrapposizione di piani sussiste. La morale, infatti, come la legge agisce sul piano collettivo ma a differenza di essa dovrebbe esercitare la propria influenza solo in termini persuasivi, senza imporre obblighi. Può tentare di condizionare le scelte sulla base della propria capacità argomentativa, ma non può pretendere di definire regole comportamentali generali valide per tutti. Quando lo fa – e spesso ci prova – travalica il proprio spazio, mostra cioè l'ambizione di universalizzarsi, di estendere il proprio dominio su ogni individuo in maniera totalizzante.

Da questa smania egemonica, ecco l'ambizione di dettare le regole. Ed ecco il rischio. Che nel caso specifico si materializza nei limiti che la morale vorrebbe imporre alle espressione della satira. Così affiorano temi che si dovrebbero considerare intangibili: la divinità, la religione, la morte, la diversità... Ma la pretesa di universalismo si scontra con l'evidenza che la morale non è univoca e ogni differente sistema morale ha le proprie priorità e le proprie sacralità. Tende , anzi, a non riconoscere e rispettare i valori propugnati dai sistemi morali concorrenti ponendosi in aperto contrasto con essi. Li combatte, talvolta non solo con le armi dialettiche. Lo scontro fra Cattolicesimo e Islam ne è un chiaro esempio.

Se ci ponessimo su questo crinale assecondando il declivio, ognuno avrebbe pretesa di imporre le salvaguardie al proprio credo. Invece, a tutela dell'autentica libertà individuale di pensiero e di espressione di ogni cittadino da esercitare laicamente, senza ricorso ad anatemi, va fatto appello alla coscienza e alla legge: cioè a una primaria valutazione soggettiva di responsabilità e alla eventuale conseguente verifica di accettabilità sulla base del diritto. E parimenti anche l'autore di satira deve potersi esprimere senza vincoli ulteriori, affrancato da pressioni morali, rispondendo di ciò che fa solo alla propria coscienza e alla legge. La sua opera sarà comunque posta al vaglio del pubblico che potrà apprezzarla, criticarla o ignorarla, ma non pretenderne la censura. Solo il giudice, eventualmente, potrà sanzionarla sulla base del diritto, in considerazione delle eventuali violazioni del codice.

Ma, ricordando come legalità e giustizia non sempre coincidano, è opportuno distinguere i piani della valutazione. E lasciare alla coscienza individuale dei singoli individui ogni considerazione etica, respingendo la radicata tentazione di sovrapporre o sostituire alla valutazione giuridica il vischioso infamante velo del biasimo morale dei presunti tribunali del popolo.

(Ferraraitalia, 07/01/2016)

IL LATO BUONO DELLA CRISI

C'è un aspetto positivo in questa terribile crisi che ci attanaglia: la sensazione che questi anni, incerti e sofferti, ci abbiano reso più attenti e sensibili ai veri bisogni, alle reali necessità, alla qualità dei rapporti e meno facilmente suggestionabili dal luccichio delle paillettes.

La crisi ha indotto molti a mettere da parte il galoppante individualismo e riscoprire il valore delle relazioni, il senso della solidarietà, il concetto di mutualità, il reciproco aiuto, la disponibilità a spenderci per gli altri e l'umiltà di chiedere agli altri senza eccessivi imbarazzi, in una ritrovata dimensione di civile, reciproco sostegno. Siamo diventati più sensati e meno frivoli, guardiamo più all'essenza e meno all'effimero.

Significativo è il progressivo affermarsi – in ambiti ancora minoritari, ma in costante crescita – di una economia basata sul fondamento del baratto, che valorizza saperi e competenze e si orienta sul bisogno reale, piuttosto che ridurre tutto a termini monetari, con il prezzo quale unico indice di misurazione e il denaro come solo strumento di remunerazione. La cosiddetta *"sharing economy"* è l'esempio più dirompente di questa ritrovata sensibilità comunitaria e la dimostrazione che qualcosa sta cambiano: prestare, scambiare, condividere sono i verbi della nuova economia. Mettere a disposizione, superare gli egoismi regala una gioia nuova: il piacere della solidale complicità. Vale per le auto, per le case, per i viaggi, i libri, le biciclette, per gli spazi di lavoro e per tante altre cose. Quel che è mio non è più necessariamente solo, solamente ed esclusivamente mio possesso: può essere anche di altri e gli altri possono reciprocamente essere disponibili a condividere con me i loro beni. E questa è una gratificazione e una ricchezza immateriale che si somma al concreto vantaggio, perché si traduce in un arricchimento di rapporti e relazioni. È nutrimento dello spirito.

Coworking, bike sharing, car sharing, car pooling, couchsurfing, hospitality club, stanno diventando espressioni che designano nuovi stili di vita. Si ricorre a forme di finanziamento comunitario per sviluppare progetti di interesse collettivo, attraverso i meccanismi di crowfunding, come ha fatto anche il nostro quotidiano [vedi]. Ci sono siti specializzati, come *collaboriamo.org,* ed eventi dedicati come *Sharitaly.* Il *Festival dell'Altroconsumo,* in programma a Ferrara per questo fine settimana, dedicherà ampio spazio al tema.

In questa visione evoluta rientra a pieno titolo anche una pratica, già più consolidata, come il ricorso alla banca del tempo, espressione di un volontariato speso e reso in forma mutualistica.

In Italia, si stima che operino 138 piattaforme collaborative, frazionate fra 11 differenti ambiti, tra i quali il crowdfunding (con il 30%), i beni di consumo (20%) i trasporti (12%), il turismo (10%), il mondo del lavoro (9%).

È la mentalità che sta evolvendo. Qualche anno fa, tanto per fare un esempio, l'idea di viaggiare facendo l'autostop era prerogativa di pochi, spinti da spirito di avventura, indigenza, adesione a stili di vita alternativi... Oggi invece il *car pooling* è una pratica diffusa, che mette in connessione persone che, di fondo, hanno verosimilmente un'impostazione valoriale e una concezione del mondo compatibile. Così, se capita di utilizzare il noto servizio *Blablacar*, che consente di prenotare un passaggio da una località a un altra in date prestabilite, non solo ci si trova a viaggiare dovendo sostenere appena un piccola parte delle spese, ma spesso ci si imbatte in piacevoli situazioni di socialità, e si conoscono persone simpatiche con interessi e gusti affini ai nostri. Utilità e risparmio si tramutano in opportunità per intrecciare rapporti, per intessere nuove relazioni.

Vuoi vedere che, un po' alla volta, dalla dittatura dell'avere cui ci siamo costretti, ritorneremo alla libertà dell'essere?

(Ferraraitalia 18/05/2015)

RAGAZZI, SIATE SOVVERSIVI E RIVOLUZIONARI

Mario Capanna, storico leader del Sessantotto, sbeffeggia i giovani dicendo che se asett'ant'anni avranno una misera pensione se lo meriteranno, perché non stanno facendo nulla per cambiare questa società. Massimo Gramellini sulla *"Stampa"* lo pizzica sostenendo che, prima di fare la morale ai ragazzi, quelli come Capanna dovrebbero loro per primi muovere autocritica, perché nonostante le battaglie di cui menano vanto hanno contribuito a far sì che il mondo oggi sia così com'è.

Io mi sfilo da questa diatriba e ai giovani vorrei idealmente indirizzare la stessa esortazione che ho rivolto ai miei studenti: siate sovversivi e rivoluzionari, perché il progresso si genera dal cambiamento e dalla rottura con il passato.

Certo, è per tutti più comodo e rassicurante seguire pedissequamente il gregge, accomodarsi in poltrona e perpetuare gesti e azioni secondo il criterio di ovvietà: si fa così perché così si è sempre fatto, attuando automatismi legittimati semplicemente dalla tradizione, secondo modelli di azione reiterati senza essere posti al vaglio della ragion critica, come invece sarebbe doveroso sempre. Perché è proprio al libero intelletto che dobbiamo fare appello per orientare il cammino e determinare le scelte.

Se tutti quanti ci fossimo limitati a riprodurre i gesti dei padri, l'umanità sarebbe probabilmente ancora ferma all'epoca della pietra. Invece per innovare, migliorare, progredire occorre guardare il mondo da punti di vista e prospettive differenti, senza cristallizzarsi mai, cercando continuamente – e scevri da pregiudizi – le soluzioni più adeguate, senza il timore di percorrere vie inesplorate e di sperimentare originali approdi, senza zavorre.

Fate in modo che comprensione e rispetto del passato e considerazione della tradizione non divengano freni inibitori. Perché è solo così, attraverso conflitti e rotture, che si genera il benefico cambiamento che conduce al progresso.

In questo cammino si deve però avere la saggezza di non innamorarsi delle proprie cause e delle proprie idee, e la capacità di mantenere sempre lucida, onesta e vigile coscienza degli atti compiuti e dei loro effetti. Ogni convincimento e ogni azione vanno preventivamente posti al vaglio dell'intelletto per valutarne responsabilmente le conseguenze e i prevedibili esiti nella realtà.

Serve dunque un approccio non dogmatico, ma razionale e passionale: la passione delle idee, la ragion critica a orientarle, il rispetto e la considerazione degli altri intesi come interlocutori e non come nemici.

Forti di questi sentimenti potete lanciarvi con determinazione alla ricerca di nuove cure per guarire questo mondo malato e potrete affrontare senza remore le ineludibili pacifiche sfide necessarie a cambiarlo.

(Ferraraitalia, 26/02/2015)

L'ABBAGLIO DELLE PRIVATIZZAZIONI E LA FINE DELLA POLITICA

C'è stata una lunga e sciagurata stagione politica nella quale al grido di "privatizzazione" si è smantellato lo stato sociale e dissipato il patrimonio pubblico. Obiettivo dichiarato: abbattere gli sprechi, rendere più efficienti i servizi. Risultato: lo Stato è più povero, i servizi sono in larga parte insoddisfacenti, come o peggio di prima. La ragione non è difficile da comprendere, si basa sulla logica delle cose. Il privato, per sua natura, mira legittimamente al profitto. E per guadagnare ha due strade: giocare sui prezzi o sui costi. Il pubblico non persegue il lucro. Pertanto, per fare un esempio a caso, il servizio mensa delle scuola può essere gestito dai Comuni a rendimento zero. Ma se subentra un privato deve guadagnarci, quindi o aumenta le tariffe o riduce la qualità del servizio per risparmiare e ritagliarsi così il proprio margine, speculando sulla materia prima impiegata o riducendo gli stipendi dei lavoratori.

L'idea di migliorare privatizzando appare dunque un paradosso, proprio perché il privato non può permettersi una partita a pareggio. Su cosa basavano dunque i fautori della privatizzazione una pretesa così apparentemente insensata? Sulla convinzione che gli sprechi e le inefficienze della pubblica amministrazione fossero talmente enormi da generare un danno superiore all'entità del giusto guadagno del privato. In altri termini il privato, "razionalizzando" e riducendo i costi, avrebbe potuto mantenere la medesima qualità (del servizio o del prodotto) ritagliandosi pure il suo margine di profitto. L'esperienza ha dimostrato il contrario. I servizi privatizzati in generale costano di più oppure valgono meno: se sulla bilancia aumenta la qualità, per mantenere l'equilibrio deve aumentare anche il prezzo; viceversa se si riduce il costo della prestazione si deve ridurre anche l'onere produttivo e dunque il suo valore.

I cittadini non ne hanno tratto alcun vantaggio come era facile prevedere. In compenso enormi flussi di denaro sono transitati dalla casse pubbliche a quelle di imprese private. Spesso, guarda caso, proprio le imprese degli amici dei fautori della privatizzazione.

Il problema andava affrontato diversamente, intervenendo sui meccanismi di gestione del settore e delle aziende pubbliche, improntandoli a criteri di managerialità, progressivamente riducendo gli sprechi fino ad azzerarli. In questo modo si sarebbe mantenuto intatto il controllo pubblico su servizi essenziali preservandone il profilo di qualità a tutela dei cittadini. E avendo libertà di decidere profili tariffari improntati a logiche "politiche" nel senso nobile del termine (cioè a criteri attenti alle necessità dell'utenza e alla redditività dei cittadini), anziché essere schiavi di valutazioni meramente economiciste.

Il sindaco Zangheri, per esempio, nella Bologna degli anni Settanta poteva permettersi di non fare pagare il bus nelle fasce orarie in cui i mezzi erano prevalentemente utilizzati da operai e da studenti. Poteva sostenere quella scelta – e generare quindi consapevolmente una perdita di gestione sul servizio di trasporto pubblico – perché poi recuperava il deficit grazie agli utili di altre aziende municipalizzate (le farmacie, i trasporti e i servizi funebri), attraverso un meccanismo di compensazione, giustificato da una visione di sistema di impronta non biecamente aziendalista ma, appunto, orientata all'equità e alla ricerca del bene comune della collettività.

La resa incondizionata alle logiche del mercato, che si è affermata da oltre un ventennio, ha invece concorso pesantemente all'eclissi della politica concepita come servizio volto alla soddisfazione dei bisogni dei cittadini nel rispetto degli equilibri della comunità della quale ogni singolo individuo è parte costitutiva.

(Ferraraitalia, 26/06/2014)

SULL'INFORMAZIONE ONLINE

La tecnologia condiziona profondamente il modo di comunicare, da sempre. Non per nulla Mc Luhan afferma che il mezzo è il messaggio. Ogni innovazione sovverte le abitudini consolidate. I casi della televisione e del web sono probabilmente quelli che maggiormente hanno rivoluzionato i paradigmi dominanti.

Tendenzialmente è immediata e di facile accessibilità per chiunque; inoltre è economica (in Italia è di solito gratuita) ed è versatile, nel senso che possiamo fruirla per mezzo di vari supporti in ogni momento e in ogni circostanza. Si possono ricevere informazioni e si può comunicare da ogni luogo con ognuno e verso ogni area, anche remota. Tutto ciò alimenta un *"continum comunicativo"* che non rappresenta una novità in quanto tale, ma che risulta innovativo in relazione alla rapidità e alla diffusione planetaria dei flussi: si ha la sensazione di una contemporaneità e di una compartecipazione che si manifesta in forma di (virtuale) compresenza. Ciò induce una spiccata tendenza alla globalizzazione, anche in termini di riferimenti culturali, che ben si coglie in particolare fra le nuove generazioni.

L'interazione tipica della comunicazione web indubbiamente avvicina produttori e consumatori di informazione e rende più informale il loro rapporto, al punto che i ruoli non sono più fossilizzati: succede che il lettore diventi fonte esso stesso, più di quanto non avvenisse in passato, perché la facilità di interlocuzione favorisce un suo apporto dinamico.

Occorre recuperare il piano dell'analisi e dell'approfondimento. Dirigo un quotidiano online che esprime – con il motto *"l'informazione verticale"* – la volontà di selezionare fra i fatti quelli emblematici e rappresentativi. Scegliamo storie in grado di fornire chiavi di comprensione della realtà in cui viviamo, o perché risultano espressione di tendenze diffuse o, al contrario, perché presentano elementi che sovvertono e pongono in crisi pregiudizi e stereotipi.

Il web e il flusso infinito di notizie riduce la diffidenza tra le persone; talvolta in maniera pericolosa. Essendo diretta e immediata, la comunicazione online favorisce l'azione non meditata: ci comportiamo sul web come se stessimo sempre dialogando in modo informale, con la differenza sostanziale che tutto ciò che esprimiamo in rete è permane e tracciabile.

I gusti non sono omogenei, dunque è difficile definire dei caratteri standard di gradimento o piacevolezza. Personalmente ritengo che la linearità, l'eleganza, la sobrietà siano sempre vincenti.

I social network garantiscono il dinamismo e favoriscono

quindi coinvolgimento e partecipazione: un testo statico resta là, un testo malleabile si presta a essere lavorato, discusso, riplasmato. In fondo è un po' la logica dei *take* di agenzia: si stratificano e si espandono modularmente le informazioni e, così facendo, si rinnova il loro grado di interesse.

Influenza e attrae sempre, purtroppo, l'uso di forme stereotipate, l'espressione che asseconda moda e tendenze. Per converso, però, resta spazio per prodotti di nicchia che si muovono "in direzione ostinata e contraria" (tanto per usare una clichet!). In questo senso, la filosofia editoriale di un giornale o di una rivista – ossia la chiara definizione del poprio universo valoriale di riferimento – può essere un potente magnete che attrae, per affinità, e fidelizza al prodotto, i tanti individui alla ricerca di una comunità di riferimento, a misura del proprio "sentimento", con la quale dialogare.

Per fortuna esiste ancora la pluralità di opinioni e non ci siamo appiattiti sul pensiero unico! Varietà e diversità sono sempre ricchezze. D'altra parte si assiste anche a fenomeni deteriori. In alcuni casi la garanzia di impunità fornita dall'anonimato rende taluni *"coraggiosi a buon prezzo"*, capaci di sparare sentenze senza assumere la responsabilità di ciò che affermano.

Prevedo la progressiva scomparsa della carta stampata. I nuovi supporti saranno digitali per questione di costi e di flessibilità, con ciò intendendo principalmente la possibilità di aggiornamento a ciclo continuo. Un giornale tradizionale richiede la messa in stampa, la distribuzione, la vendita e implica il meccanismo dei resi. Ogni passaggio implica costi e il processo non consente modifiche al prodotto: ogni aggiornamento richiede una nuova edizione, gravata dalle relative spese. Il giornale digitale invece è una matrice replicabile all'infinito: ogni utente "preleva" la propria copia senza limiti e senza oneri aggiuntivi per il produttore.

E i contenuti sono aggiornabili in ogni istante, sempre.

Già si prospetta per il futuro la disponibilità di supporti elettronici usa e getta (a bassissimo costo) che, al corrispettivo di qualche attuale centesimo di euro, consentiranno di leggere il giornale senza portarsi dietro apparecchi tecnologici, semplicemente utilizzando uno speciale foglio interattivo che si butterà dopo l'utilizzo.

ARTE E NEUROSCIENZE:
VERSO UNA NUOVA ESTETICA SCIENTIFICA?

Roberto Guerra

Ludovica Lumer – Semir Zeki, "La Bella e la Bestia. Arte e Neuroscienze" (Laterza, 2011)

Dal Festival della Mente, per la collana Libri Corriere della Sera, nuovamente edito questo "libello" a dir poco innovativo, sorprendente e anche perturbante, fin dal linguaggio tecnico, secondo l'estetica canonica, a parte già il titolo che evoca simultaneamente rotte ulteriori di riferimento anti-convenzionali: sia per l'arte che per la scienza. Tra neuroestetica, neurobiologia e matematica dell'arte, gli scenari di indagine scientifica dei due autori-scienziati, operativi alla University Collage di Londra. Insomma, un testo assai rigoroso e paradossalmente. scorrendo il testo, mai prevedibile.
Se per gli autori, con tanto di esperimenti, oggi, dopo le neuroscienze, persino la Bellezza è potenzialmente e non solo quantificabile, sconcerta e meraviglia certo assioma di partenza, via via, appunto articolato in un continuum danzante, tra metodologie neopositiviste estreme e riletture dell'arte contemporanea e persino d'avanguardia – e non solo – che confermerebbero (in uno speciale e avvincente diversamente gioco cibernetico, feedback e retroazione) quest'ultima e l'opera d'arte "classica" in sé, come la migliore prova sperimentale per la conoscenza scientifica della cosiddetta mente umana, oggi inferibile finalmente dalla complessità del cervello, da una (1+1 = 2) imprevedibile poetica delle sinapsi, dei neuroni.
I neuroni specchio in particolare come sorta di transfert

scientifico peculiare nell'artista (un capitolo approfondito proprio sulla ancora recente scoperta di quest'ultimi e le sue implicazioni molto concrete nelle dinamiche interpersonali e – appunto – anche per la dimensione estetica). Marcel Duchamp e la rivoluzione dadaista (nel 2016 il centenario), neuroscienziati ante litteram, tra i focus del volume, come un arcobaleno extraterrestre, irradiano subito orizzonti inediti, ammalianti, ci pare, sia per gli amanti dell'arte che per la scienza creativa. Oppure scansioni o zoom su nomi celebri del primo o secondo '900, o post 2000: Paul Klee, Pablo Picasso, Francis Bacon, James Pollock, Alberto Giacometti, Sol Witt, Jean Tinguely... e anche estremi, Cindy Sherman, Marina Abramovic, Gina Pane, Vittorio Acconci. Marta dell'Angelo. Riferimenti meta-estetici degli autori anche a diversi noti critici o studiosi quali S. Argentieri, E. Boncinelli, R. Bodei, V. Gallese, A. Pinotti, N. Shenkar, ecc.

Inoltre, come accennato, *"l'arte come prodotto del/dal/nel cervello"*, ovviamente non una magari mutazione trasparente e riconoscibile dalla Modernità: tra riferimenti tecnico scientifici ancora poco noti al grande pubblico, almeno nelle sue possibili estrapolazioni – come nel libro in questione – artistiche, certa "pulsione" o combinatoria *creAttiva* attraversa – per forza di scienza e bellezza – la produzione estetica dai graffiti (o petroglifici persino) al computer! E quindi link precisi che spaziano dall'arte primitiva stessa al Classicismo – al proto/post Rinascimento, Dante e Beatrice, Botticelli e Michelangelo, letterati postromantici o del '900, Balzac, Oscar Wilde, Silvia Plath...

L'opera aperta, in sintesi, della grande letteratura o poetica, anche archetipica, atemporale, tutto l'infinito significante tra Zero e Uno (0,1), poi in certo senso "scoperta" e "scavata" dal non figurativo contemporaneo, fino all'arte più sperimentale del secondo novecento e quella elettronico-digitale del duemila, riflette molto concretamente, come funziona il cervello, nel suo costante miglior adattamento ecosistemico, sorta di danza neuronale e sinaptica tra assimilazione delle informazioni ipercomplesse e traduzione ultrasintetica e compressa

(Reset incluso) necessari per non subire crash... memoria insufficiente con una metafora Computer... In principio il Caos, il Cervello un artista darwiniano, sempre diversamente predatore ricercatore per certo equilibrio funambolico... sempre provvisorio e dinamico!

Altro quindi che arte astratta, secondo i pregiudizi ancora prevalenti, l'arte contemporanea, anzi, altra connettonica (non solo immaginaria a quanto pare e via parallela, alla conoscenza, l'opera d'arte quasi simbiotica con il metodo scientifico).

Verso, infine, un'estetica scientifica prossimo ventura? Obiettivo, e orizzonte poi, a ben vedere tacitamente almeno tracciato anche nella critica d'arte e gli estetologi, spesso nel '900 (oltre – come appena visto dagli artisti o scrittori – dai futuristi alla musica elettronica, al cinema e la fantascienza, Valery, Marinetti, Stockhausen, Kubrick, Tarkowsky, Asimov, Dick...): gli stessi Raimondi, Moles, Lotman, Enzensberger, ecc., fino a certo futurismo transumanista critico contemporaneo, N. Vita More, Max More, B. Sterling, Z. Istvan, R. Sawyer; in Italia Riccardo Campa, Stefano Vaj, Antonio Saccoccio e chi scrive (autori del Manifesto del futurismo smodato, 2011), gli stessi Emmanuele Pilia, Vitaldo Conte e Ada Cattaneo. Tutti futuribili, critici o artisti di ieri o oggi, solo indicativi tra altri.

Orizzonte del XXI secolo, in questo rivoluzionario "libello", quasi codificato dai 2 autori scienziati de "La Bella e la Bestia. Arte e Neuroscienze".

TRANSHUMANIST MAN IN THE FUTURE

Zoltan Istvan
(Traduzione a cura di Roberto Guerra e SOL)

> *"Per assicurare il futuro del transumanesimo, gli atei dovranno confrontarsi con il concetto di "ineluttabilità" della morte promosso dalle religioni."*
> (Huffington post, Febbraio 2016)

In Occidente, l'ateismo è in crescita. Quasi un miliardo di persone in tutto il mondo sono, essenzialmente, non credenti. Nonostante ciò, questo gruppo sociale in continua espansione dovrà affrontare un'importante sfida nel prossimo futuro: lottare per portare l'aspettativa di vita a livelli mai raggiunti prima d'ora. Le tecnologie transumaniste potrebbero potenzialmente raddoppiare la durata della nostra vita nei prossimi 20/40 anni, attraverso scienze d'avanguardia come l'editing genomico, la produzione di organi artificiali e le nuove terapie con cellule staminali. L'obiettivo finale è quello di sconfiggere la morte, o quantomeno ritardare il più possibile l'invecchiamento, minando definitivamente una delle basi filosofiche delle religioni: la vita eterna.

Circa l'85% per cento della popolazione mondiale crede nella vita dopo la morte; molti di loro, anzi, accettano passivamente il termine della vita, convinti del ricongiungimento con il proprio Dio, o Dei. Questo pensiero viene indicato con il neologismo *"deathista"* (deathist). Infatti, quattro miliardi di persone sulla Terra – per lo più cristiani e musulmani – vedono il superamento della morte attraverso la scienza come blasfemo, un peccato di emulazione, sentirsi simili a Dio. Blasfemia imperdonabile, punita con l'eterna dannazione.

Che dovrebbero fare gli atei, dunque, in un mondo in cui la scienza e la tecnologia stanno aumentando la longevità, nella speranza di sconfiggere la morte entro i prossimo cinquant'anni? Dobbiamo aspettarci un dibattito etico-morale per i diritti civili o la cultura "deathista" si trasformerà, adattandosi all'inevitabile? Ancora più importante: saranno gli atei a guidare la ribellione contro l'oscurantismo delle religioni che, da sempre, sfruttano la paura della morte per i propri fini?

TRANSUMANESIMO VS RELIGIONE
Intervista con Brian Rose di "London Real"

In primo luogo, diamo un'occhiata ad alcuni fatti conclamati: la maggior parte delle morti nel mondo sono causate da invecchiamento e malattie.

Circa 150.000 persone muoiono ogni giorno, causando dolore ai propri cari, senza contare le ripercussioni economiche a livello famigliare e comunitario.

Sul fronte medico, la buona notizia è che i gerontologi e gli altri ricercatori hanno fatto, di recente, grandi progressi nel campo dell'aspettativa di vita, della lotta contro l'invecchiamento, e la scienza della longevità. Nel 2010, alcuni studi sull'arresto e l'inversione dell'invecchiamento sui topi hanno avuto successo. La comunità scientifica ha iniziato ad accettare, grazie ai risultati recenti, che la scienza e la medicina del XXI secolo possiedono gli strumenti per superare e, potenzialmente, sconfiggere la maggior parte delle cause di morte dovute all'invecchiamento. La prospettiva è quella di debellare, alla fine, qualsiasi malattia. Com'è noto, il XX secolo ha già visto, grazie ai progressi medici, una massiccia diminuzione di morti per la poliomielite, il morbillo, e il tifo, malattie un tempo letali.

Sulla scia di alcuni di questi successi medici, recentemente si segnalano una serie di importanti iniziative commerciali: investimenti di centinaia di milioni di dollari nel campo dell' anti-invecchiamento e la ricerca della longevità. *Google Calico*, *Human Longevity LLC*, e *Insilico Medicine* sono solo alcuni esempi significativi.

Google Ventures, attraverso il suo presidente Bill Maris – che aiuta con investimenti diretti aziende sanitarie e scientifiche – di recente ha fatto notizia dicendo a Bloomberg: «Se mi chiedeste, oggi, se sarebbe possibile vivere fino a 500 anni, vi risponderei di sì!»

Sempre più spesso, i principali scienziati dichiarano idee simili. Reuters riporta che il famoso gerontologo Aubrey de Grey, *chief scientist* di *SENS Research Foundation* e consulente anti-age del *Transhumanist Party* americano, pensa che gli scienziati saranno in grado di controllare l'invecchiamento in un prossimo futuro. «Direi che abbiamo un 50% di possibilità di portare l'invecchiamento sotto quello che definirei un *"livello decisivo di controllo medico"* entro i prossimi venticinque anni o giù di lì.»

Anche i progetti minori, come quello del musicista Steve Aoki – un libro di cucina per aumentare la longevità, e la sua campagna *Indiegogo* – si sforzano di educare e convincere la gente, nello specifico mangiando più sano per vivere più a lungo. Tutti questi sforzi si aggiungono a un clima di crescente predisposizione ad accettare l'idea transumanista che la morte non è un destino ineluttabile. Infatti, in futuro, la morte sarà probabilmente vista come una scelta personale, e non qualcosa che accade arbitrariamente o accidentalmente alle persone.

Nonostante questo slancio positivo del movimento scientifico anti-invecchiamento (o anti-age), cambiare l'atteggiamento "deathista" può rivelarsi difficile per la maggioranza della popolazione. Gli esseri umani hanno una cultura e delle tradizioni ben radicate, aprire la mente di persone fortemente credenti riguardo il vivere molto più a lungo, anche centinaia d'anni, non è una sfida facile.

Recentemente, un certo numero di transumanisti, il sottoscritto compreso (ateo di lunga data), hanno tentato di collaborare più strettamente con i gruppi governativi, religiosi e sociali che hanno per secoli approvato la cultura deathista. I transumanisti stanno cercando di persuadere questi gruppi a rendersi conto che non si tratta necessariamente o soltanto di volere vivere per sempre. Come scienziati e uomini di pensiero e ragione, vogliamo semplicemente la scelta di vivere oltre gli attuali limiti, non vogliamo lasciare al cancro, o a un incidente automobilistico, o all'invecchiamento, la possibilità di scelta.

Naturalmente, per gli atei, la futura sovrappopolazione è qualcosa da prendere in seria considerazione: se tutti vivono più a lungo, sicuramente il mondo diventerà ancora più affollato di quanto non sia. La buona notizia è che gli scienziati ritengono generalmente la Terra in grado di gestire una popolazione ancora più grande di quella attuale, senza distruggere il pianeta. Ma avremmo bisogno di migliori metodi di distribuzione delle risorse e di leggi che garantiscano una maggiore uguaglianza tra le persone.

La chiave per la gestione di una maggiore popolazione è insita nelle nuove tecnologie ecologiche, e nel come usarle per risolvere i principali problemi ambientali. La cosiddetta *"carne senza carne"* è un grande esempio. La salvaguardia, anziché la distruzione, della foresta pluviale, deriverà dalla creazione di apposite aree per il pascolo degli animali. Inoltre potremmo far ricrescere le foreste (che aiuterebbero i problemi dell'effetto serra e dello strato di ozono), con la produzione di questi nuovi alimenti in laboratori, bypassando la necessità del bestiame.

Sono molti i motivi che mi fanno guardare a queste prospettive: 150 milioni di animali vengono macellati ogni giorno per il nostro consumo. Un numero altissimo di omicidi che potrebbero essere evitati.

Alla fine, la durata di vita più lunga e il maggiore controllo sui nostri meccanismi biologici serviranno solo a rendere il mondo un posto migliore, con istituzioni più solide, più tempo con i nostri cari e economie più stabili. Le persone, siano esse atei o religiosi, avranno sempre la scelta di morire, se vogliono, ma lo spettro della morte non sarà più promosso e propagandato dalle religioni come spauracchio atto a far crescere la cultura deathista.

TESTO ORIGINALE

> *"To ensure a future of transhumanism, atheists should confront the deathist culture religion has sown."*
> *(Huffington Post, 2016-2)*

In the West, atheism is growing. Nearly a billion people around the world are essentially godless. Yet, that burgeoning population faces an important challenge in the near future--the choice whether to support far longer lifespans than humans have ever experienced before. Transhumanism technology could potentially double our lifetimes in the next 20-40 years through radical science like gene editing, bionic organs, and stem cell therapy. Eventually, life extension technology like this will probably even wipe out death and aging altogether, damaging one of the most important philosophical tenets formal religion uses to convert people:
the promise of being resurrected after you die.

About 85 percent of the world's population believes in life after death, and much of that population is perfectly okay with dying because it gives them an afterlife with their perceived deity or deities--something often referred to as *"deathist"* culture. In fact, four billion people on Earth--mostly Muslims and Christians--see the overcoming of death through science as potentially blasphemous, a sin involving humans striving to be godlike. Some holy texts say blasphemy is unforgivable and will end in eternal punishment.

So what are atheists to do in a world where science and technology are quickly improving and will almost likely overcome human mortality in the next half century? Will there be a great civil rights debate and clash around the world? Or will the deathist culture change, adapt, or even subside? More importantly, will atheists help lead the charge in confronting religion's love of using human mortality as a tool to grow the church?

TRANSHUMANISM VS RELIGION
Interview with Brian Rose of "London Real"

First, let's look at some hard facts. Most deaths in the world are caused by aging and disease.

Approximately 150,000 people die every day around the world, causing devastating loss to loved ones and communities. Of course, it should not be overlooked that death also brings massive disruption to family finances and national economies.

On the medical front, the good news is that gerontologists and other researchers have made major gains recently in the fields of life extension, anti-aging research, and longevity science. In 2010, some of the first studies of stopping and reversing aging in mice took place. They were partially successful and proved that 21st Century science and medicine had the goods to overcome most types of deaths from aging. Eventually, we'll also wipe out most diseases. Through modern medicine, the 20th Century saw a massive decrease of deaths from polio, measles, and typhoid, amongst others.

On the heels of some of these longevity and medical triumphs, a number of major commercial ventures have appeared recently, pouring hundreds of millions of dollars into the field of anti-aging and longevity research. *Google's Calico, Human Longevity LLC,* and *Insilico Medicine* are just some of them.

Google Ventures' President Bill Maris, who helps direct investments into health and science companies, recently made headlines by telling Bloomberg, «If you ask me today, is it possible to live to be 500? The answer is yes.»

Increasingly, leading scientists are voicing similar ideas. Reuters reports that renowned gerontologist Dr. Aubrey de Grey, *chief scientist* at *SENS Research Foundation* and the Anti-aging Advisor at the *US Transhumanist Party*, thinks scientists will be able to control aging in the near future, «I'd say we have a 50/50 chance of bringing aging under what I'd call a *decisive level* of medical control within the next 25 years or so.»

Even smaller projects like the musician Steve Aoki supported *Longevity Cookbook* with its *Indiegogo* campaign have recently launched, in an effort to get people to eat better to live longer. All these endeavors add to a growing climate of people and their attitudes willing to accept the transhumanist idea that death is not fate. In fact, in the future, death will likely be seen as a choice someone makes, and not something that happens arbitrarily or accidentally to people.

Despite this positive momentum in the anti-aging science movement, changing cultural deathist trends for 85 percent of the world's population may prove difficult. Humans are a species ingrained in their ways, and getting fundamentally religious people to have an open mind to living far longer periods than before — maybe hundreds of years even could prove challenging.

Recently, a number of transhumanists, including myself who is a longtime atheist, have attempted to work more closely with governmental, religious, and social groups that have for centuries endorsed the deathist culture. Transhumanists are trying to get those groups to realize we are not necessarily wanting to live forever. As science and reason-minded people, we simply want the choice and creation over our own earthly demise, and we don't want to leave it to cancer, or an automobile accident, or aging, or fate.

Of course, for atheists, the elephant in the room is overpopulation. If everyone lives longer, surely the world will become even more crowded than it is. The good news is that scientists generally believe Earth could handle a far larger human population than we have now, without destroying the planet. But we'd need better methods of resource distribution and laws that ensure equality among people. The key to handling a large population likely rests in new green technology, and using it to fix major environmental problems. *Meatless meat* is a great example. Much rainforest destruction comes from creating pastures for animal grazing. But we could regrow those forests (which would help the greenhouse and ozone layer problems) by creating *meatless meat* in laboratories and bypassing the need for livestock. I like this for more reasons than one; 150 million animals are slaughtered every day for our consumption. That's a lot of killing that could be avoided.

In the end, longer lifespans and more control over our biological selves will only make the world a better place, with more permanent institutions, more time with our loved ones, and more stable economies. People, including those who are atheist or religious, will always have the choice to die if they want to, but the specter of death from formal religion will no longer be able to be used as a menacing tool for growing a deathist culture and agenda.

LE NUOVE AVANGUARDIE FUTURISTE

Roberto Paura

L'Italia in cui Filippo Tommaso Marinetti visse negli anni in cui elaborò i concetti poi espressi così violentemente nel *Manifesto del Futurismo* non era poi tanto diversa, per certi versi, dall'Italia di oggi.

Un clima politico ben poco stimolante, rigido e impaludato, favoriva il ribollire di estremismi che alcuni anni dopo avrebbero portato alla nascita del Partito fascista; a livello culturale, il decadentismo rappresentava una reazione al progresso industriale che rifuggiva il presente, mentre le personalità di Benedetto Croce e Giovanni Gentile, che proprio in quegli anni iniziavano il loro sodalizio con *"La Critica"*, si preparavano a *"separare il grano dal loglio"*, promuovendo o bocciando tutto ciò che si sarebbe prodotto in ambito culturale negli anni successivi.

Ma sul piano dello sviluppo tecnico-scientifico, il primo Novecento consolidava la sensazione di un mondo in rapido mutamento, scongelato rispetto ai decenni del lungo Ottocento grazie alla diffusione della ferrovia, del telefono, della rete elettrica. Il futuro sembrava più vicino, a portata di mano. La reazione di Marinetti e dei futuristi fu dettata da quella sorta di *"choc del futuro"* che negli anni '70 del secolo scorso Alvin Toffler espresse benissimo nel suo libro Future Shock.

Vittime di una civiltà che sembrava correre troppo velocemente rispetto alla possibilità di ciascun essere umano di restare al passo, i futuristi decisero di rispondere con determinazione, invocando la rottura di tutti gli schemi e le convenzioni, la rottura brutale con il passato, con il *"vecchiume"*, e una grande guerra purificatrice che spazzasse via l'ordine preesistente e gettasse le basi di un nuovo ordine più consono al mondo del XX secolo. Soluzione utopistica, se non addirittura distopica: i legami di Marinetti con il fascismo, che per certi tratti si fece promotore delle pulsioni rivoluzionarie incarnate dai futuristi, compromisero l'indipendenza intellettuale del movimento, che per altri versi non ha avuto eguali nella storia contemporanea.

I *futurists* di oggi non hanno nulla a che vedere con i futuristi, benché il termine inglese sia la letterale traduzione di quello marinettiano. Qualcuno li chiama *"futurologi"*, sebbene il suffisso logos implichi inevitabilmente un'inclinazione allo studio scientifico che non tutti i futurists condividono.

Lo studio del futuro, che a partire dagli anni '60 del secolo scorso ha preso corpo nell'eterogenea e suggestiva disciplina dei futures studies, non necessariamente va di pari passo con l'idea di una radicale trasformazione della società, di una sua accelerazione verso il futuro, che invece lega i moderni futurists ai futuristi marinettiani. Ma cosa sono gli *"accelerazionisti"*, per esempio, se non dei discepoli di Marinetti?

Il *Manifesto Accelerazionista* nato proprio in Italia nel 2008 per opera di un gruppo di intellettuali vicini alle correnti americane dei *"singolaristi"* (sostenitori dell'imminenza di una singolarità tecnologica che cambierà radicalmente lo sviluppo della civiltà grazie all'emergere di un'intelligenza artificiale), pesca a piene mani dall'immaginario futurista soprattutto nel sottolineare il concetto di *"velocità"*, caro a Marinetti.

«*Se l'accelerazione esprime lo Spirito di Questi Tempi, occorre reinventarsi accelerazionisti per congegnare il meccanismo dei nostri razzi psichici, approntando un reattore adatto alle nuove condizioni operative*», scrivono gli estensori del manifesto. E ancora: «*A reggere lo slancio del Progresso è la spinta della Tecnologia. Il legame diretto che intercorre tra la Tecnologia e la Scienza ci permette di giungere alla conclusione che è da quest'ultima che dobbiamo muovere se vogliamo interagire con il Flusso del Cambiamento, fino ad arrivare a piegarlo al nostro volere.*»

C'è qui la precisa volontà di assecondare il cambiamento

innescato dal progresso tecnologico, piuttosto che frenarlo o respingerlo. E in un'Italia ingessata dall'assenza di decisionismo politico e ostaggio di movimenti di protesta che combattono esplicitamente quelli che sono considerati i simboli di un progresso disumanizzante (la TAV, gli inceneritori, il ponte sullo Stretto, il MUOS), l'accelerazionismo entra a gamba tesa. Senonché, pur condividendone alcuni assunti di base e un uso delle parole sicuramente felice, l'accelerazionismo prende presto le distanze dal futurismo classico.

La visione radicale di conflittualità con l'esistente, che sottintende anche una presa di distanze dal resto della società giustificata da una presunta superiorità dei propri ideali, non si rintraccia in questo gruppo. È piuttosto ripresa dalla corrente dei transumanisti, che vogliono farla finita con gli approcci troppo cauti ai temi della longevità, del miglioramento e potenziamento biologico e dell'interfaccia uomo-macchina, per favorire l'emergere di un *Uomo Nuovo*, un *Uomo 2.0*.

Dal canto loro, gli accelerazionisti rifuggono dall'idea di una fuga in avanti che lasci indietro il resto del mondo. Tra i punti del loro manifesto c'è l'idea dell'integrazione «*delle diverse comunità in un organismo "sovranazionale" amministrato secondo un modello di democrazia diretta e partecipata*» e quella dello sviluppo sostenibile «*attraverso il superamento dell'economia della scarsità, la riallocazione delle risorse e una cooperazione non competitiva.*»

Utopistici quanto e più dei futuristi, ma certamente non distopici: il mondo che essi propongono utilizza il progresso per un miglioramento condiviso, democratico, che non lasci indietro i più deboli. E non esige di sacrificare all'altare della modernità coloro che non riescono a tenere il passo.

Da questa esperienza, in modo indipendente, è emerso recentemente il progetto condiviso dai fondatori dell'Italian Institute for the Future: non un movimento, come invece sono i transumanisti, i longevisti, i connettivisti, gli umanisti spaziali e gli accelerazionisti, ma una piattaforma che intende dare corpo alle premesse gettate da questi ultimi attraverso un preciso impegno sociale e politico nel senso nobile del termine. Anche in questo sta la differenza tra il Movimento Futurista e quelli che oggi ne possono essere considerati gli eredi: a parte alcune poco fortunate uscite elettorali delle rissose correnti transumaniste, che hanno poi portato anche per vie traverse all'elezione del primo deputato transumanista in Italia, questi movimenti hanno rifuggito l'esperienza politica che invece ben presto caratterizzò il progetto di Marinetti.

Nel Manifesto *"Ricostruiamo il futuro"* dell'*Italian Institute for the Future* si riprendono alcuni dei concetti tracciati dagli accelerazionisti, a partire dalla consapevolezza di quell'accelerazione che oggi scandisce il ritmo della modernità (se non della post-modernità), come ha sottolineato Douglas Rushkoff nel suo libro *"Present Shock"* (recentemente tradotto in Italia con il titolo *"Presente continuo"*).

Ma questa consapevolezza, la stessa che i futuristi coltivavano agli inizi del XX secolo sotto i colpi del progresso tecnologico, ha portato a una dichiarazione d'intenti di tenore ben diverso. Il fallimento del futurismo marinettiano, che ha condiviso lo stesso deprecabile destino politico del fascismo, evidenzia l'inapplicabilità e la non desiderabilità dei suoi obiettivi.

La risposta allo choc del futuro e all'accelerazione – che sia o meno verso una *"singolarità tecnologica"* non è importante – non sta nell'accettazione acritica del progresso, quanto in una sua più sostenibile declinazione. L'avanguardia, è indubbio, ha un ruolo fondamentale; ma una vera avanguardia futurista oggi ha il compito di guardare avanti, al futuro di lungo periodo, per scrutarne le promesse e le minacce, e di tornare indietro per avvisare gli altri compagni di viaggio dei pericoli e delle opportunità che si trovano davanti a loro.

In questo senso, l'avanguardia futurista del XXI secolo deve tornare ad assumere una connotazione eminentemente politica, ossia di sensibilizzazione della sfera pubblica riguardo alle sfide del futuro e alle strategie da intraprendere. Se il risultato dello choc del futuro che caratterizzò la civiltà occidentale del primo Novecento fu la grande *"igiene del mondo"* rappresentata dal primo conflitto mondiale e dalla Rivoluzione bolscevica, il prodotto dello *"choc del presente"* che viviamo oggi non può essere una nuova corsa verso il baratro, ma un impegno preciso per colmare il divario che si è creato tra chi corre troppo e chi resta indietro. Marinetti per poco non perse la vita in un incidente d'auto, mentre guidava troppo veloce. Se non vogliamo frenare, almeno cerchiamo di tenere saldo il volante mentre corriamo.

TRANSUMANESIMO E PALEOBIOETICA

Emmanuele Pilia

Evito di parlare riguardo la questione del gender, semplicemente perché la definizione di *"ideologia gender"* è molto diversa da quella che i media italiani offrono, e ha davvero poco a che fare con quanto viene fatto intendere. Stando a *Sociology Guide*, infatti, l'ideologia gender «*enfatizza il valore di ruoli distinti per uomini e donne, dove gli uomini adempiono al ruolo di pilastro economico della famiglia e le donne adempiono al ruolo di genitore e casalinghe*». Per finire: «*l'ideologia gender si riferisce anche alla credenza sulla società che legittima l'inegualità di genere*». Insomma, esattamente il contrario di quello che viene sottointeso da una male interpretata formula anglosassone. So che da una parte e dall'altra degli schieramenti la contestazione è sulla presupposta esistenza o meno di questa *"ideologia gender"*. L'unica cosa che posso dire è che, semplicemente, la cosa non ci interessa più del dovuto.

La decisione di scrivervi (*il testo originale era indirizzato al sito www.notizieprovita.it, NdC*) attraverso la formula della lettera aperta, invece che con un articolo, proprio per tentare di sottolineare alcuni fraintendimenti, soprattutto sul significato stesso del termine "transumanesimo", ed è per questo motivo necessario andare a capire di cosa si stia parlando.

Per transumanesimo non si può intendere altro che un movimento di pensiero che ha come punto di partenza l'idea che sia auspicabile l'utilizzo della tecnologia per il benessere di tutti gli individui, anche a patto di richiedere l'intervento diretto sulla nostra evoluzione.

Voi citate, fraintendendoli, alcuni pensatori transumanisti. Pico della Mirandola, un cattolico ecumenico piuttosto fiero, nella sua famosa *"Oratio de hominis dignitate"* afferma: «*Non ti ho fatto né celeste né terreno, né mortale né immortale, perché di te stesso quasi libero e sovrano artefice ti plasmassi e ti scolpissi nella forma che avresti prescelto. Tu potrai degenerare nelle cose inferiori che sono i bruti; tu potrai, secondo il tuo volere, rigenerarti nelle cose superiori che sono divine.*»

Per Pico della Mirandola, insomma, l'uomo ha il grande privilegio e la grande responsabilità di dover essere chiamato a *"forgiare il proprio destino"*. La nostra natura non è determinata: anzi, è proprio nell'indeterminatezza che gli esseri umani plasmano le loro vite. Noi siamo spinti da impulsi e desideri che ci chiedono di combattere, di lottare, affinché questi possano cessare.

Avevamo freddo, così abbiamo domato il fuoco. Avevamo fame, così abbiamo imparato a cacciare. Dovevamo proteggerci, così iniziammo a costruire case e recinti. A piccoli passi, errore dopo errore, abbiamo iniziato a costruire la splendida e meravigliosa complessità che caratterizza quella strana cosa che potremmo chiamare umanità. Certo, abbiamo commesso molti errori in questo percorso: abbiamo creduto che la guerra potesse realmente salvare il destino dei popoli, così ci siamo lanciati in sanguinarie crociate e abbiamo acclamato terribili dittature. Noi, l'umanità, abbiamo usato il fuoco per riscaldarsi, ma anche per aggredire. Nonostante ciò, abbiamo creato vaccini, edifici meravigliosi, opere d'arte che ci lasciano senza respiro, siamo partiti per la conquista dello spazio, comunichiamo con amici e familiari con una facilità prima impensabile. Molta strada c'è ancora da fare: in molte porzioni del mondo, interi territori non hanno garantito l'accesso a farmaci di base, se non al cibo, figuriamoci se sono interessati all'accesso a internet! Ma l'aiuto a queste persone potrà giungere solo attraverso più tecnologia, non attraverso un suo rifiuto acritico.

La stessa, povera, Kim (*si riferisce alla vicenda di Kin Suozzi, NdC*), se avesse avuto la fortuna di vivere in un mondo in cui la ricerca scientifica e tecnologica non venisse vista come una futile spesa quanto come investimento sulla vita di ognuno di noi, probabilmente non avrebbe dovuto aggrappare le proprie speranze all'ibernazione. Una opinione diffusa soprattutto riguardo i temi legati al transumanesimo. Solo per fare un esempio: alcuni scienziati, attualmente, stanno studiando proprio i processi metabolici legati all'invecchiamento; tra questi, vi è anche lo studio dei processi che causano il cancro, proprio la malattia che ha colpito Kim. Inoltre, le scoperte fatte nell'ambito della crioconservazione, hanno permesso di scoprire alcuni comportamenti del nostro corpo, conducendoci a elaborare nuove tecniche chirurgiche già oggi utilizzate con successo nelle sale operatorie. Forse quelle di Kim resteranno "assurde illusioni", come suggerisce il vostro articolo, ma la morte è una crudele certezza. La Alcor non lucra sul dolore dei cari, ma offre questa flebile speranza, investendo in ricerca i propri profitti, i cui risultati si trasformano in benefici per la maggior parte di noi.

Dobbiamo pensare a questo tipo di ricerche paragonandole a quelle effettuate nel contesto della Formula 1, che apparentemente potrebbe apparire come una spesa folle e senza senso, ma che in realtà produce brevetti su brevetti che vanno a semplificare e migliorare sensibilmente la vita di ognuno di noi. Alcuni elementi presenti negli arti meccanici utilizzati da migliaia di persone provengono proprio dall'ingegneria automobilistica. Non è un caso che BMW e Honda siano all'avanguardia anche in questo campo. E dei risultati di queste ricerche ne beneficiamo tutti, anche chi non può permettersi una protesi di quel valore, e questo grazie all'apertura che anche l'evoluzione sociale sta portando. Penso all'*open source* e al movimento dei *maker*, che sta creando la possibilità di potersi realizzare in perfetta autonomia delle funzionali protesi biomediche. A tal riguardo, segnalo il fantastico progetto made in italy *Open Biomedical Initiative*.

Stiamo parlando di ricerche che stanno già ora dando i loro frutti, non di futuribili sogni di utopisti sognatori. Così come non è follia pensare che noi siamo ancora vittime del caos genetico: millenni di battaglie hanno premiato la trasmissione dei geni dei vincitori e degli invasori, perché dovrebbe essere meno etico razionalizzare questo processo evitando spargimenti di sangue? Riduciamo la scala, e proviamo a porci nei panni di un caro specifico: quale madre, se potesse scegliere, eviterebbe al proprio figlio una predisposizione a una malattia cardiaca? Quale madre, se potesse farlo, non offrirebbe il meglio al proprio figlio? Quale madre si arrenderebbe al destino di vedere il proprio figlio soffrire per i capricci di un gene? L'amore la porterebbe a offrire la propria vita, se questo potesse garantirgli la migliore delle vite. Già programmiamo la vita dei nostri figli con i vaccini. Perché, allora, si dovrebbe rinunciare ai doni dell'ingegneria genetica?

Nel vostro articolo si parla di vita, e anche qui abuso di questo termine: è per amore della vita e dell'umanità che lottiamo per far sì che la fiamma del progresso, la fiamma che noi abbiamo acceso e che arde, sempre mutevole ma sempre fedele a sé stessa, possa rimanere accesa anche nella più oscura delle notti. È una fiamma che mi fa bruciare dal desiderio di poter vivere millenni, di poter sollevare tonnellate, di poter meditare l'immeditabile, di poter sfiorare le stelle, di poter far udire la mia voce a kilometri di distanza. E se il mio corpo non potrà resistere alla pressione del tempo, se sarà schiacciato dal peso che ho sulle spalle, se tali pensieri mi porteranno alla follia, se perderò la voce per aver troppo urlato, desidero che quella fiamma rimanga accesa grazie al frutto, non proibito da alcun vincolo normativo, della tecnica.

Voi stessi, avete pubblicato quell'articolo attraverso il prodotto di millenni di evoluzione umana e tecnologica, avete esteso il volume della vostra voce migliaia, milioni di volte, e questa è stata udita da migliaia, milioni di orecchie. Perché dovremmo rifiutare di ammetterlo?

LE SCIE DELLE COMETE

Cristiano Rocchio

> *"Segui un po' per istinto le scie delle comete come avanguardie di un nuovo sistema solare."*
> *(Franco Battiato, "No Time. No Space")*

UN'INTRODUZIONE STORICA AL XIX SECOLO

L'800 fu un secolo rivoluzionario nel pensiero filosofico, politico, letterario, e nella produzione artistica. Soprattutto nei trent'anni precedenti il 1848, gli ideali della Rivoluzione Francese e i concetti di popolo, nazione, libertà e progresso raggiunsero la piena maturità. In tutta Europa la classe dominante cercò di neutralizzare questi ideali e le rivoluzioni borghesi.

Gli intellettuali si battevano con le loro opere e con le armi insieme al popolo, per difendere le loro idee liberali, democratiche, anarchiche o socialiste. Essi percepirono la pressione delle forze popolari come un elemento decisivo della storia moderna e la introdussero nelle loro opere. Perciò utilizzarono i codici espressivi del realismo, per rappresentare oggettivamente il movimento tendenziale rivoluzionario e le istanze popolari della libertà. L'arte doveva essere al servizio dell'uomo e l'uomo governare se stesso secondo i suoi bisogni e le sue concezioni, che erano contro tutte le forme di governo autoritario e di diritto divino. Il soggetto di questa estetica era l'uomo reale, non quello rappresentato dal classicismo e dal romanticismo. A questa nuova considerazione dell'uomo contribuirono il socialismo scientifico, i progressi della tecnica, lo spirito della scienza. L'arte realistica di questo periodo può essere definita democratica, come Mario de Micheli, e cioè strettamente legata ai problemi, alla vita, alle preoccupazioni della storia in atto. Si può stabilire nel legame diretto dell'arte con tutti gli aspetti della vita, nel rifiuto della mitologia, della rievocazione storica, della bellezza convenzionale e dei canoni classicistici,il seme della ricerca intorno all'uomo, che le Avanguardie svilupparono nel '900.

Durante l'800 si diffusero in tutta Europa le nuove idee estetiche del realismo, insieme agli ideali rivoluzionari. La rottura di questa unità spirituale rivoluzionaria iniziò con la conclusione delle rivoluzioni borghesi a metà '800 ed ebbe luogo definitivamente nel 1871, quando fu sconfitta la Comune di Parigi, alla quale avevano partecipato scrittori, poeti e artisti. Le contraddizioni della società borghese acquisirono in seguito una violenza estrema. Van Gogh, Ensor, Gauguin, Vlaminck e Munch abbadonarono il realismo per l'aspra critica borghese e per l'affievolirsi dell'ideale artistico democratico, ma la loro ricerca fu portata avanti dalle avanguardie novecentesche.

Nella Fattoria degli animali Orwell imputa il fallimento delle rivoluzioni popolari e l'eliminazione degli intellettuali dissidenti al fatto che i capi rivoluzionari e gli intellettuali compiacenti adottarono lo stile di vita e il modello di potere dei precedenti dominatori e conservarono il vecchio ordinamento sociale oppressivo. Orwell rappresenta la frattura dell'unità rivoluzionaria con il tradimento opportunistico degli intellettuali e dei capi rivoluzionari nei confronti del popolo.

IL CONTRIBUTO CRITICO E INNOVATIVO DELLE AVANGURDIE: FUTURISTI, DADAISTI, CUBISTI

All'inizio del ventesimo secolo, le Avanguardie confermarono nei loro manifesti la crisi della mentalità borghese e della sua idea di uomo. Testimoniarono anche la ricerca di una nuova concezione, di nuove categorie e strumenti di interpretazione per questo rinnovamento.

I. Cubismo

Il concetto fondamentale della poetica cubista[1] è ciò che possiamo definire il *"pittore demiurgo"*, che intuisce la natura superiore o metafisica e cerca di renderla manifesta nella sua opera. In questa attività viene necessariamente sacrificata la verosimiglianza. Mentre l'arte greca pose come ideale regolativo l'uomo, quello della nuova pittura è l'universo infinito. L'astrazione della quarta dimensione, che viene generata dalle tre dimensioni conosciute, rappresenta l'immensità dello spazio, che si eterna in tutte le direzioni in un preciso momento ed esprime le inquietudini dei giovani artisti alla ricerca di un'arte sublime[2]. Le proporzioni ideali determinano opere cerebrali piuttosto che sensuali e hanno lo scopo di esprimere la grandezza delle forme metafisiche. Il cubismo è pittura pura e arte di pensiero, perché le sensazioni artistiche derivano dalle luci contrastanti. La missione sociale dell'artista è rinnovare le sembianze della natura per i suoi contemporanei.

II. Futurismo

Il fondamento e manifesto del futurismo[3] ha il tono di un percorso iniziatico, descrive la formazione dello spirito futurista attraverso la consapevolezza storica, il superamento della mitologia, il rifiuto della dialettica, la pazzia come ultra razionalità contro il buon senso, l'intuizione come nuova razionalità opposta a quella matematica. Lo spirito rinasce nella melma di un'officina e, appena formato, proclama le volontà futuriste a tutti gli uomini vivi: il disprezzo del passato, l'esaltazione della velocità, la motorizzazione dell'anima (l'automobile), esaltare il fervore degli elementi primordiali come compito del poeta, la lotta coincidente con la bellezza, l'invito a superare l'Impossibile, la guerra come sola salute del mondo, l'identificazione dell'Assoluto con l'eterna velocità onnipresente[4].

Il Manifesto dei pittori futuristi[5] è un grido di ribellione associato agli ideali dei poeti e alla creatività e vitalità dei giovani artisti. Il manifesto critica il passato e i suoi pigri esaltatori e afferma che la libertà dell'uomo contemporaneo è migliore rispetto alla docile schiavitù degli antichi. Boccioni si rallegra del Risorgimento politico ed esalta il concomitante Risorgimento culturale dell'istruzione, dell'industria, dell'arte come una rinascita. Elogia l'originalità, la pazzia degli innovatori, la vita trasformata dalla scienza come fonte di ispirazione per l'arte futurista.

In *"La scultura futurista"* (1912), Umberto Boccioni critica l'imitazione cieca delle forme artistiche ereditate dal passato: l'illusione fondamentale è la convinzione di trovare uno stile corrispondente alla sensibilità moderna, senza uscire dall'ideale tradizionale di bellezza classica. Per rinnovare l'arte, è necessario riformarne la visione e la concezione della linea e delle masse che costituiscono l'insieme, abolire in scultura il nudo, retaggio di un'arte morta, e partire dal nucleo centrale dell'oggetto che si vuole creare, per scoprire le nuove leggi e le nuove forme che lo legano invisibilmente e necessariamente all'infinito plastico apparente e all'infinito plastico interiore. La nuova teoria plastica, il trascendentalismo fisico, traduce nella materia scultorea i piani atmosferici, che legano e intersecano gli oggetti, e può rendere plastiche le simpatie e le affinità misteriose, che stabiliscono le reciproche influenze formali dei piani oggettuali. Lo sculture ha il compito di creare gli oggetti e rendere sensibile, sistematico e plastico il loro prolungamento nello spazio. Lo stile del movimento rende definitiva come sintesi la frammentaria e accidentale analisi impressionistica: sistematizzando le vibrazioni delle luci e le compenetrazioni dei piani, ottiene la scultura futurista, il cui fondamento architettonico non è soltanto la costruzione delle masse, bensì l'inserimento degli elementi architettonici ambientali nel blocco scultoreo secondo la nuova concezione dell'armonia. Liberando la scultura dalle leggi arbitrariamente imposte e abolendo la linea finita e la statua chiusa, l'ambiente si inserisce nel blocco plastico come un mondo a sé, regolato da leggi proprie, e fa vivere la linea muscolare statica nella linea-forza dinamica.

Possiamo interpretare l'attività degli scultori futuristi in base al concetto del pittore demiurgo[6] cubista: la necessità creativa costringe l'artista a cercare mezzi espressivi adeguati alla sua percezione della realtà, per rappresentarla. L'intuizione creativa è l'unico criterio per scegliere e riprodurre gli elementi del mondo apparente, che diventano elementi del ritmo plastico, dell'armonia voluta dallo scultore, e rappresentano i piani, le tendenze, i toni e i semitoni di una nuova realtà: per ottenerla, l'artista non deve rinunciare ad alcun mezzo e ad alcun materiale.

Il complesso plastico è il soggetto principale della ricostruzione futurista dell'universo[7]. Balla e Depero si firmano astrattisti futuristi e ricordano i risultati del futurismo nei suoi primi sei anni: superamento e solidificazione dell'impressionismo, dinamismo plastico e plasmazione dell'atmosfera, compenetrazione di piani e stati d'animo. Il futurismo poetico e musicale, fusi insieme al dinamismo plastico pittorico e scultoreo, rappresentano l'espressione dinamica, simultanea, plastica e rumoristica della vibrazione universale. Balla e Depero intendevano fondere tutte le componenti futuriste, per ricreare e rallegrare integralmente l'universo, realizzando l'invisibile e l'impercettibile, trovando e combinando insieme, secondo la loro ispirazione, gli equivalenti astratti di tutte le forme e di tutti gli elementi. Lo scultore demiurgo intuisce nuovi oggetti e nuove realtà e rappresenta la sua intuizione con nuovi e più adeguati mezzi espressivi.

Il primo complesso plastico mostra l'analogia tra le linee-forze essenziali del paesaggio astratto e le linee-forze essenziali della velocità. Quindi gli scultori futuristi astrattisti padroneggiano l'essenza profonda e gli elementi dell'universo. Possono costruire l'animale metallico, fusione di arte e scienza: lo scultore demiurgo diventa creatore attraverso la tecnica chimica, fisica, pirotecnica. Con queste e con la scienza i futuristi allestiscono la nuova idea di uomo, che ha in sé il principio del movimento (l'anima) ed è protetto dalle passioni (metallico). Costruendo milioni di animali metallici, Balla e Depero intendevano preparare la *"più grande guerra"*, la conflagrazione di tutte le forze creatrici dell'Europa, dell'Asia, dell'Africa e dell'America, che avrebbe dovuto seguire la Grande Guerra. Il nuovo uomo futurista, liberato attraverso la pazzia dalla sterile razionalità e dalle scorie sentimentali borghesi, rigenera creativamente la realtà attraverso la tecnica.

La nuova concezione dell'uomo viene presentata in *"L'uomo moltiplicato e il regno della macchina"* (1910), in cui Marinetti indica il principale obiettivo futurista: abolire l'ideale tedioso di bellezza tradizionale. Il paradigma letterario romantico celebrava l'assalto eroico del maschio bellicoso e lirico alla bellezza–donna; a questo Marinetti sostituisce la nuova idea di bellezza meccanica ed esalta l'amore dell'uomo per la macchina. L'imminente e inevitabile identificazione tra uomo e motore perfezionerà lo scambio incessante di intuizione, istinto e disciplina metallica tra uomo e macchina, ottenendo il tipo non umano e privo di affetti morali, che sono i veleni corrosivi dell'inesauribile energia vitale e della possente elettricità fisiologica. Per il numero incalcolabile delle potenziali trasformazioni umane è possibile anche quella che giudichiamo l'utopia futurista: l'uomo prolungherà fuori di sé la sua volontà come un immenso braccio invisibile, il Sogno e il Desiderio governeranno lo spazio e il tempo.

«*Il tipo non umano e meccanico, costruito per una velocità onnipresente, sarà naturalmente crudele, onnisciente e combattivo. Sarà dotato di organi inaspettati: organi adattati alle esigenze di un ambiente fatto di urti continui*» e sarà educato dalla macchina. Per ottenerlo, è necessario diminuire il bisogno di affetto che lo pervade, la lussuria e il sentimentalismo letterario, sostituendo all'amore per una donna la passione per il lavoro e per l'officina. Se riesce a liberarsi dal ciarpame sentimentale e dalla passione amorosa, l'uomo moltiplicato non conoscerà la vecchiaia, né il pessimismo di Schopenhauer o le romanticherie borghesi.

III. Dadaismo

Dal Manifesto Dada[8] prende nome questo saggio: «[...] *tutti i gruppi di artisti sono finiti a questa banca[9], pur cavalcando su diverse comete*». Il manifesto dadaista ha molti punti in comune con il primo Futurismo: la speranza nel rinnovamento dell'umanità dopo la guerra, il disprezzo per la borghesia volgare e avida, il rifiuto della logica e dell'organizzazione sociale borghesi, la gioia creativa come soppressione del dolore, la follia aggressiva per la distruzione della razionalità, della cultura e dello stile di vita borghesi.

Lo stile facondo e rigoglioso del Manifesto Dada presenta i numerosi obiettivi della critica dadaista, dai quali emergono i tre principali: l'arte, l'ordine costituito e l'utopia. L'arte come espressione individuale viene criticata, perché l'artista non dipinge, ma protesta. L'arte assoluta è invece la coincidenza degli opposti, in cui il mondo rappresentato appartiene allo spettatore attraverso la sua interpretazione. I dadaisti sentono il bisogno di un'arte *"più arte"*, non di sopprimere l'arte: questa è l'unica base di intendimento della vita, perché la vita è una farsa.

La critica all'ordine costituito si rivolge contro la tendenza a inserire la vita in categorie astratte: la letteratura precedente aveva questo proposito ed è perciò solipsistica, perché risulta dall'egoismo dello scrittore, che la produce per se stesso, senza tener conto del pubblico. Vengono quindi censurate la filosofia, perché fondata su presupposti sbagliati[10], e la dialettica come metodo di imporre la propria opinione. La psicanalisi è rappresentazione ed esaltazione della vita borghese, la scienza assume il suo punto di vista arbitrariamente, il relativismo costringe ad ammettere che tutti hanno ragione. Gli intellettuali impongono le regole morali, che comportano gli impedimenti della carità e della pietà, mentre la bontà è lucida, chiara, decisa, spietata con la politica e con il compromesso.

Il manifesto Dada critica la saggezza, il bello in sé in quanto morto e la conseguentemente inutile critica, le istituzioni e le abitudini borghesi come la famiglia, la logica, le gerarchie sociali[11], la memoria, l'archeologia, i profeti, il futuro, l'istruzione, le biografie, le ambizioni, l'inclinazione a definire tutto, l'intelligenza generalizzata produttrice di rovine, alla quale i dadaisti preferiscono l'idiozia[12].

I dadaisti criticano il borghese conformista, perché fa scomparire i caratteri che lo distinguono dalla comunità e, addestrato a rubare, deruba se stesso. Dada è l'incontro di tutti i contrari e di tutte le contraddizioni, ogni incoerenza, ogni motivo grottesco: Dada è la vita. Dada è l'insegnamento dell'astrazione: i dadaisti predispongono la soppressione del dolore e l'avvento della gioia, distruggono l'ordine razionale, per ristabilire la fecondità delle potenze reali e della fantasia individuale. Quest'ultimo proposito richiama l'utopia, che adottarono i dadaisti tedeschi. Il primo manifesto dadaista di Hülsenbeck (1918) dà rilievo al ruolo dell'artista come creatore della sua epoca, impegnato a comprendere il tempo in cui vive[13]. *Che cos'è il dadaismo e che cosa vuole in Germania*[14] invoca l'unione rivoluzionaria internazionale di tutti gli uomini intelligenti e creativi sulla base del comunismo radicale. La meccanizzazione delle attività produttive permette la disoccupazione progressiva per l'educazione alla realtà della vita. La socializzazione richiede l'esproprio immediato dei beni, la distribuzione di cibo per il sostentamento comunista degli uomini, l'educazione alla libertà, la lotta contro il particolarismo intellettuale, la casa dell'arte come istituzione statale, l'abolizione completa della proprietà e la soppressione della schiavitù in tutte le sue forme.

I manifesti delle avanguardie dichiarano l'essenziale creatività umana: il loro uomo è, al contempo, Demiurgo e Prometeo. Rifiutano il passato e la logica borghese nelle sue implicazioni sociali. Perciò si rivolgono ai giovani e sostengono la funzione sociale e spirituale dell'arte creativa. Tutti illustrano l'esigenza utopica di creare una nuova civiltà umana come fondamento dell'arte e conseguentemente il bisogno di stabilirne nuovi criteri interpretativi. A questa esigenza i futuristi e i dadaisti associavano la follia, che avrebbe potuto rinnovare l'umanità dopo la cura o la strage della guerra.

Abbiamo il mito della guerra come rigenerazione dell'uomo attraverso la pazzia o negazione della razionalità borghese. Identifichiamo poi il luogo materiale della follia come strumento creativo: nelle opere di Erasmo da Rotterdam, Ludovico Ariosto, Cervantes e Wieland la follia è l'uscita dagli abituali criteri di razionalità e dà luogo alla peripezia del protagonista o permette di criticare abitudini e idee invalse. Nei manifesti delle avanguardie la pazzia è il rifiuto delle opinioni borghesi e il metodo per forgiare la nuova concezione dell'uomo. La trasgressione di queste premesse rivoluzionarie può essere considerata il tradimento della pazzia come causa formale della rigenerazione umana, se intendiamo per follia anche la dissidenza, l'anticonformismo o l'irregolarità, la facoltà di scostarsi dalla norma e ricostruire creativamente il reale dopo l'allontanamento critico. La negazione dell'individualismo porta ad affermare l'universale, ciò che accomuna tutti gli uomini, e come conseguenza l'universalità della comunicazione artistica. L'importanza dell'universale è connessa alla ricerca filosofica di una realtà superiore o spirituale, che gli artisti possono percepire e comunicare con le loro opere.

Il contributo critico e innovativo delle avanguardie novecentesche per la ricerca di una nuova concezione è la dichiarazione dell'essenziale creatività umana. Le avanguardie futurista e dadaista testimoniano la crisi della società borghese con il loro rifiuto della mentalità borghese e la fuga nella pazzia e nella guerra per la distruzione dell'epoca precedente. Tutte le avanguardie concentrarono la loro ricerca sull'aspetto spirituale (pittore e artista demiurgo) e universalistico, piuttosto che sul particolarismo borghese.

SULLA STRADA DELL'UOMO NUOVO

Già nel Rinascimento, in Europa, gli intellettuali auspicavano la rigenerazione dell'uomo, in particolare in occasione dei conflitti religiosi. Nella sua *Explanatio Symboli Apostolorum*[15,] Erasmo saluta il cristiano come un uomo nuovo, perché redento dal sacrificio di Cristo e liberato per sempre dal peccato di disobbedienza e presunzione. Se lo riconosce, il cristiano acquisisce la consapevolezza che tutte le faccende umane sono transitorie e di poca importanza, rispetto alla sua natura spirituale. Erasmo identifica l'uomo nuovo, contrapposto al vecchio uomo schiavo delle passioni, nel cristiano capace di dominare gli istinti per uno scopo più alto, secondo l'esempio di Cristo filologicamente interpretato. La vita di Cristo è un modello per il cristiano, ma l'idea di Cristo nelle opere di Erasmo non è univoca, né paradigmatica, come l'"*Elogio della follia*" ampiamente dimostra; potremmo caratterizzarla abbastanza adeguatamente come un concetto in movimento, che permette a Erasmo di collegare l'insegnamento evangelico alla cultura dell'antichità classica[16]. Il nuovo uomo di Erasmo è razionale, ben disposto verso i suoi fratelli, collaborativo nell'opera di redenzione collettiva.

Nel Rinascimento la critica filologica preparò la strada per l'avvicinamento ai testi classici e all'idea di uomo in essi contenuta, all'inizio del ventesimo secolo la capacità critica delle avanguardie mostrò la via per la ricerca di una nuova concezione. L'avanguardia futurista annuncia una nuova forma umana e testimonia la nascita di un nuovo umanesimo. I manifesti dei futuristi identificano l'essenza dell'uomo nei suoi accidenti temporanei, in particolare nella velocità e nel cambiamento. A prima vista contraddittoria, questa concezione implica che l'uomo cambi e si evolva: le qualità di volta in volta evidenti confermano la possibilità del progresso e proprio questa facoltà di cambiare, la capacità di migliorarsi, viene stabilita dai futuristi come l'essenza dell'uomo.

All'inizio del '900, l'aumento della scolarizzazione e la diffusione della conoscenza, il potenziamento delle cure mediche, l'avanzamento delle scienze e della tecnica, l'evoluzione dei mezzi di comunicazione[17] comportarono un generale miglioramento delle condizioni di vita, seppure per una limitata cerchia.

La prima e la seconda guerra mondiale hanno confermato la crisi degli imperi politici e territoriali come modalità prevalente di organizzare la vita associata, e d'altra parte la nascita di nuovi imperi, o di una nuova idea di impero: il dominio di una ristretta cerchia sulla maggioranza sottoposta. Anche le organizzazioni economiche basate su questa idea sfruttavano le capacità e il tempo del lavoratore, alienandolo dallo scopo della sua attività, che è migliorare la condizione umana. Nel Novecento questo sfruttamento diede luogo alla lotta dei lavoratori contro i possessori dei mezzi di produzione. Si determinò di conseguenza una tendenza all'astrazione e al camuffamento del potere: per aumentare il suo benessere, la classe che lo detiene non ha lo scopo di annettersi nuovi territori da sfruttare, come in passato, ma di assoggettare nuovi esseri umani al suo sistema, rendendoli produttori e soprattutto consumatori e dipendenti. Per raggiungere tale scopo, la classe dominante promulga una grande quantità di leggi, che rimangono sconosciute a chi deve rispettarle, e costruisce enormi strutture burocratiche statali o pseudo statali – come Kafka rappresentò magistralmente nel Processo.

Dal punto di vista intellettuale, a fine Ottocento e inizio Novecento le scienze umane ebbero un grande sviluppo, all'interno del quale agì tuttavia la tendenza al particolarismo e alla divisione, contro la quale le avanguardie affermarono l'universale, ciò che accomuna tutti gli uomini. Gli artisti avanguardisti cercarono, scoprirono e presentarono agli uomini la realtà metafisica e la necessità di internazionalizzare la comunicazione artistica. Si passa nel corso del Novecento dalla nostalgia di Curtius e Nietzsche per la comunità europea delle lettere, in cui la comunicazione della conoscenza avveniva soltanto nella cerchia dei dotti, basata sulla divisione classista della società, alla tendenza odierna, la possibilità di diffondere universalmente il sapere.

Poiché mai prima questo fu possibile, è evidente che l'umanità si trova a un punto decisivo della sua storia e la nuova concezione dell'uomo deve indubbiamente richiamarsi a questa tendenza.

IL PRINCIPIO DI COMUNICAZIONE E DIFFUSIONE, IL CONTRIBUTO DELLA RETORICA E DELL'ARTE

Adottando, come gli artisti delle avanguardie, lo sguardo del demiurgo per la storia dell'uomo, è possibile avere una visione complessiva del fenomeno storico e sociale[18]. Tale quadro completo è necessario all'intellettuale, per descrivere e soprattutto raccontare il fenomeno compreso. L'intellettuale è retore, nel momento in cui si libera dal condizionamento sociale, per comunicare la sua rappresentazione della realtà[19].

Possiamo constatare nella storia dell'uomo, a partire dal Rinascimento, una tendenza costante alla diffusione della conoscenza, l'aumento della capacità critica, la volontà di eliminare sia gli intermediari nella distribuzione della conoscenza e dei beni e sia i vincoli e gli impedimenti derivanti dalla propria condizione sociale[20]. Possiamo chiamare questa tendenza *"principio spirituale di comunicazione e diffusione"*, che sembra proprio dell'uomo moderno e quindi appartenente alla sua essenza. A tale tendenza si contrappone quella opposta, il *"principio di autorità"*, il cui scopo è limitare gli stessi beni e diritti a un gruppo ristretto attraverso la distinzione e la separazione.

Il principio di comunicazione comporta la trasmissione delle conoscenze, il collegamento e l'unione con i propri simili, il superamento dei confini ristretti, la collaborazione delle capacità individuali, l'assimilazione tra gli individui, l'apertura al nuovo e infine l'innovazione. Il principio di autorità implica la conservazione delle informazioni e dei privilegi per un gruppo limitato, la divisione e separazione degli uomini in gruppi diversi, il mantenimento degli ambiti ristretti, la competizione basata sulla prestazione, la diversificazione, la chiusura al nuovo e infine la conservazione dello stato di cose esistente. Mentre il principio di autorità – attraverso il presupposto della penuria e della competizione per l'appropriazione dei beni – implica la limitazione delle attività piacevoli a un solo individuo o a un solo gruppo e altrettanto la divisione degli uomini in gruppi diversi, il principio di comunicazione e diffusione presuppone la distribuzione delle attività piacevoli tra i componenti del contesto economico e sociale, perché la sua essenza implica il passaggio da un soggetto all'altro. Se Aristotele ha ragione, la realizzazione della propria essenza avviene nell'attività e genera piacere[21]. Una concezione dell'essenza umana arricchita dal principio di comunicazione e diffusione comporta che lo scopo dell'attività umana sia creare piacere per chi è in essa coinvolto[22].

Resta da considerare quale disciplina sia adatta a descrivere e applicare praticamente la nuova concezione dell'uomo. La medicina ne cura l'aspetto corporale, la psicologia le manifestazioni patologiche dell'aspetto spirituale, le scienze che studiano il comportamento sociale considerano la vita dell'uomo associato nella comunità; adeguandosi alla mentalità borghese, l'economia separata dalla saggezza è diventata tecnica elitaria di arricchimento individuale; la giurisprudenza sembra essere diventata uno strumento per proteggere soltanto chi la conosce a fondo; la storia, la storia dell'arte e della letteratura sono immensi serbatoi di fatti, di esperienze e di scoperte; la filosofia studia principalmente la propria storia, e da questa molto impara e insegna. Dai contributi specialistici di tutte queste scienze è difficile ricostruire una concezione unitaria. Questo problema è stato anche chiamato polverizzazione disciplinare.

Abbiamo appurato che le avanguardie evidenziarono l'essenziale creatività umana, che non è stata sufficientemente messa in luce dalle suddette scienze – che spesso hanno finito per stabilire scuole di pensiero o fissare metodi terapeutici.

La disciplina che stiamo cercando deve essere in grado di restituire una visione complessiva dei fenomeni studiati, valutare le conseguenze pratiche delle sue acquisizioni e apprezzarne gli aspetti creativi e non conformistici. È necessario infine che disponga di una tecnica di discussione critica e razionale, adeguata al nostro principio di comunicazione e diffusione.

Già nell'antichità Protagora, maestro di retorica, insegnava che «*l'uomo è misura di tutte le cose, di quelle che sono, in quanto sono, e di quelle che non sono, in quanto non sono*[23]». Nel Rinascimento la filologia e la critica razionale, entrambe derivate dalla retorica, hanno molto contribuito a rielaborare la concezione dell'uomo, con grandiose conseguenze nel campo dell'arte e della letteratura. La retorica contiene una teoria della critica, della riflessione e della discussione razionali, perché è legata alla dialettica. Nella pratica contribuisce a realizzare l'essenza razionale dell'uomo conformemente al principio di comunicazione e diffusione: l'uomo è razionale e vive in comunità, la retorica è l'opportunità comunicativa che ha l'essere umano, per procurare validità sociale ai propri desideri e bisogni e per stimolare il cambiamento sociale[24]. Poiché la retorica è essenzialmente dedicata alla descrizione e alla comunicazione, con il suo punto di vista complessivo può comprendere lo scopo e la ragione delle azioni e delle affermazioni. È sempre stata connessa alla conoscenza, allo studio delle passioni e dell'anima, e quindi alla formazione dell'uomo. È simile alla filosofia pratica, perché ha il compito di conoscere e scegliere i mezzi argomentativi adatti a raggiungere lo scopo persuasivo, mentre la filosofia pratica identifica i mezzi migliori, per raggiungere lo scopo dell'azione. Inoltre condivide con la filosofia pratica il principio fondamentale *"quanto bisogna e quanto basta"*, che in campo etico si traduce in *"ciò che né eccede, né difetta rispetto al giusto mezzo"*: questa è la definizione dell'eccellenza, ossia della nobiltà umana. Perciò la retorica, insieme alle scienze umane, alle scienze del linguaggio, dell'arte, e all'arte stessa, può molto contribuire alla ri-definizione dell'uomo.

I caratteri umanistici delle avanguardie europee sono stati recepiti in Italia da vari gruppi, in particolare dai transumanisti dell'*AIT* (Associazione Italiana Transumanisti): Riccardo Campa, Stefano Vaj ed Emmanuele Pilia. E anche da Roberto Guerra, che ha curato l'edizione di *Posthuman Time. Il futuro presente* e intervistato Zoltan Istvan. I transumanisti italiani identificano tre obiettivi fondamentali di lotta, che possiamo giudicare perfettamente umanistici: il possesso delle conoscenze e delle tecnologie, la laicità delle istituzioni e della cultura, l'affermazione di una concezione scientifica del mondo. Nel suo manifesto artistico Giancarla Parisi giudica la società contemporanea torpida e priva di estro creativo, e ricorda la polemica delle avanguardie novecentesche contro la società loro contemporanea. Possiamo perciò collegare la critica e la ricerca dei movimenti contemporanei a quelle delle avanguardie novecentesche, perché la condizione spirituale dell'umanità non sembra essere cambiata molto nell'ultimo secolo, anche se i mezzi e le opportunità di sviluppo spirituale sono aumentati enormemente.

CONCLUSIONE

Possiamo identificare, nell'attività critica e creativa delle avanguardie artistiche novecentesche, il preludio di un nuovo umanesimo dal punto di vista artistico. La loro concezione dell'artista demiurgo spinge a considerare la loro attività creativa come una ricerca sociale, filosofica, antropologica e pratica. Poiché le rivoluzioni novecentesche mirarono soprattutto a sostituire la classe dirigente, mantenendo invariata la struttura sociale classista e l'uso del potere, è senza dubbio attuale la ricerca delle avanguardie novecentesche, originata dalla separazione tra cultura e vita dei cittadini. Se si riuscisse a legare il potere politico alla conoscenza, si potrebbero ottenere notevoli vantaggi, che in base al nostro principio di comunicazione e diffusione dovrebbero coinvolgere tutti i cittadini e non solo i detentori del potere – come Orwell in *1984* e *La fattoria degli animali* impietosamente rappresenta.

Ho riportato alcune delle tracce che le avanguardie artistiche novecentesche ci lasciarono e che possiamo seguire, per stabilire una concezione dell'uomo adeguata al nostro tempo.

Note al testo:
1. La ricaviamo dal primo capitolo delle *"Méditations esthétiques. Le peintres cubistes"*, pubblicato a Parigi nel 1913 da Guillaume Apollinaire e considerato il manifesto del movimento cubista, in Mario de Micheli, *"Le avanguardie artistiche del Novecento"*, Feltrinelli, 1959.
2. Sappiamo che la quarta dimensione è il tempo, che insieme alle altre delimita la vita umana, di cui i cubisti danno una rappresentazione per così dire spaziale e statica. I futuristi invece, con la loro velocità eterna onnipresente, evidenziano l'aspetto di trasformazione incessante.
3. Pubblicato in Francese sul *"Figaro"* di Parigi il 20 febbraio 1909 e sulla rivista *"Poesia"*, n. 1–2, Milano, 1909.
4. Questo sembra un concetto contro-intuitivo, perché la velocità è la misurazione dello spazio percorso in un determinato intervallo temporale: perciò non potrebbe essere eterna, né onnipresente. Ma se riferiamo il concetto al pensiero dell'essere, si può dire che la velocità futurista eterna e onnipresente è semplicemente l'esistente (o la vita umana), perché risulta dal rapporto tra dovunque ed eternità.
5. Fu scritto da Umberto Boccioni e pubblicato in *"Poesia"* nel 1910; gli altri firmatari sono Carlo Dalmazzo Carrà, Luigi Russolo, Giacomo Balla, Gino Severini.
6. Vedi *"Prefigurando la catastrofe"*, in Elisa Ruggiero, *"L'ora dei ricordi"*, Roma, Aracne, 2014.
7. Del 1915.
8. Scritto da Tristan Tzara e pubblicato sulla rivista *"Dada"*, n. 3, Zurigo, 1918.
9. Tutti dipinsero per denaro.
10. «*Tutto ciò che si vede è falso*».
11. «*Ogni equazione sociale di valori stabilita tra i servi*».
12. La follia protegge il singolo dalla ferocia del senso comune.
13. Ancora l'artista demiurgo.
14. Pubblicato nella rivista *"Der Dada"*, n. 1, Berlino, 1919, con le firme

Hausmann, Huelsenbeck e Golyscheff.
15. Vedi la nostra traduzione nella rivista *"Quaderni Eretici"* n. 2, 2014 sul sito www.ereticopedia.org
16. Devo questo concetto al gentile suggerimento di Achille Olivieri.
17. La possibilità di incontrare altre culture e la possibilità di scambiare velocemente informazioni.
18. Anche Joachim Knape parla di questa modalità di osservazione nel suo *"Lost in transmission?"*, letto durante il convegno internazionale della ISHR a Tubinga nel 2015.
19. Joachim Knape, *"La teoria della retorica: questioni basilari"*, in *"Pan. Rivista di Filologia Latina"*, 1 n.s. (2012), Palermo, Flaccovio, 2012.
20. Per tutto questo paragrafo vedi anche Herbert Marcuse, *"Eros e civiltà"*, Torino, Einaudi, 2006, e Max Horchheimer, Theodor W. Adorno, Dialettica dell'illuminismo, Torino, Einaudi, 1966.
21. L'*"Etica Nicomachea"* conferma questa tesi: il piacere consiste nell'attività spirituale, perché la natura dell'uomo è spirituale (oltre che politica).
22. Il Dalai-Lama sembra confermare quest'idea: «*Nel ventunesimo secolo abbiamo bisogno di una nuova etica che trascenda la religione. La nostra elementare spiritualità, la predisposizione verso l'amore, l'affetto e la gentilezza che tutti abbiamo dentro di noi a prescindere dalle nostre convinzioni sono molto più importanti della fede organizzata. A mio avviso, le persone possono fare a meno della religione, ma non possono stare senza i valori interiori e senza etica*».
23. Un'eco di questa concezione si trova anche nel recente *"Manifesto del Metateismo"* scritto da Davide Foschi. Vedi *"Non avere paura di dire. Il coraggio dell'indicibile"*, Ferrara, La Carmelina, 2015.
24. Joachim Knape, *"La teoria della retorica: questioni basilari"*, in *"Pan. Rivista di Filologia Latina"*, 1 n.s. (2012), Palermo, Flaccovio, 2012.

MARINETTI E IL SOGNO DEL VOLO: VERSO IL TURISMO SPAZIALE

Gennaro Russo

> *"Noi vogliamo inneggiare all'uomo che tiene il volante, la cui asta ideale attraversa la Terra, lanciata a corsa, essa pure, sul circuito della sua orbita."*
> (Filippo Tommaso Marinetti, "Manifesto del Futurismo")

Così nel suo vulcanico manifesto (alla vulcaniana, Spock docet) "divinava" Filippo Tommaso Marinetti, anticipando – per via poetica – l'era spaziale eroica dallo Sputnik all'Apollo e lo sbarco sulla Luna, fino allo Shuttle.

Poi, per vari motivi un apparente stop: invece, proprio in Italia, anni duemila, il sogno estremo del volo marinettiano e futurista è nuovamente destinato alle stelle. Ecco il nostro tributo in libertà, nuve parole spaziali libere, come probabilmente amerebbe il fondatore del futurismo.

La previsione degli sviluppi futuri della civiltà non può che basarsi sull'analisi del presente e della storia passata. Le attività spaziali sono state stimolate sin dall'inizio da due fattori primari: consapevolezza del conseguente potenziale miglioramento della vita sulla Terra; e più ancora, innato desiderio di esplorazione, crescita, innovazione ed evoluzione della nostra specie.

L'espansione della civiltà al di là della Terra è il naturale prossimo passo dopo circa sessant'anni di Era Spaziale e connesse conquiste tecnologiche. E c'è chi sostiene che attorno a essa si svilupperà una nuova visione del mondo, grazie all'enorme quantità di risorse disponibili nello spazio – energia, materie prime – e all'opportunità di utilizzare ulteriori spazi nei quali sviluppare attività produttiva ma anche ludica.

Qualcuno sostiene anche che tale evoluzione possa aiutare a risolvere i problemi demografici e di alimentazione cui andiamo incontro, come il sovraffollamento terrestre degli undici miliardi di individui stimati ufficialmente dall'ONU per la fine del secolo corrente, e la contemporanea riduzione delle risorse naturali disponibili che secondo stime recenti dell'*University of Washington* potranno sostenere a quel tempo la vita di solo un miliardo di persone. Ovviamente c'è poi chi sostiene che l'umanità sia una sorta di macchina che "aggiusta" il suo funzionamento per adattarsi all'ambiente e alle condizioni in cui si viene a trovare.

Sono tanti i futuri immaginati. Per esempio, negli ultimi decenni, sull'onda di una vera e propria sindrome connessa all'idea che l'umanità sia destinata a restare vincolata sulla terra (mondo chiuso), la fantascienza ha prodotto prevalentemente una sorta di monito oscurantista, secondo cui ci aspetta un destino funesto se la nostra società globalizzata insisterà a privilegiare lo sviluppo tecnologico!!! Lo scenario futurista previsto invece dal *Center for Near Space* è caratterizzato dall'ineluttabile espansione nello Spazio, sia per progredire sul fronte scientifico, ma soprattutto per cominciare a vivere il *"Quarto Ambiente"* e utilizzare l'immensa piattaforma di risorse ed energia disponibile nel sistema solare, il cui sfruttamento potrà dare luogo alla più grande rivoluzione economica e culturale di tutti i tempi.

Il *Center for Near Space* (CNS), centro di competenza per lo Spazio dell'*Italian Institute for the Future*, è nato il 14 Luglio 2015 con la finalità di contribuire a una sempre maggiore diffusione della cultura spaziale tra le nuove generazioni e il grande pubblico, stimolando un positivo orientamento della società verso lo sviluppo del settore privato dell'astronautica civile e creando le condizioni per la diffusione della consapevolezza che lo Spazio non è così lontano come comunemente creduto. Il centro non mira a prevedere il futuro né tanto meno a disegnarlo; ha invece l'obiettivo di immaginare futuri ingegneristicamente possibili.

Nel pensiero del CNS il concetto *"near"* può caratterizzare l'avamposto del cosiddetto *"Quarto Ambiente"*, ovvero la regione che va dalla superficie della Terra all'orbita bassa (Low-Earth-Orbit, LEO) ed esprime il desiderio di incoraggiarne l'utilizzo crescente. Pensare di stimolare lo sviluppo di un settore spaziale privato, non si può che restare in quella parte dello Spazio nella quale per circa sessant'anni l'uomo ha maggiormente operato. Ma *"near"* può essere interpretato in generale anche con l'obiettivo di avvicinare i cittadini allo Spazio, da sempre fonte inesauribile di ispirazione e libertà di immaginazione, nonché volano di una miriade di ricadute tecnologiche sulla Terra. Questo consente di sviluppare attività anche al di là dell'orbita bassa, come ad esempio l'architettura delle future stazioni spaziali orbitanti, lunari o marziane.

È giunto il momento che le attività spaziali diventino parte integrante della vita quotidiana e questo richiede la più ampia apertura del settore ai privati, così come sta accadendo negli Stati Uniti da qualche anno. Elemento fondante che sostiene il chiaro sviluppo dell'astronautica civile è oggi il Turismo Spaziale; infatti questo è il settore in ambito attività spaziali con un intrinseco potenziale di crescita industriale e commerciale. Si può dire che siamo in questo campo agli albori di un percorso ormai definito e del tutto simile a quello fatto dall'automobile nel 1800 e ancora di più a quello dell'aviazione fatto nel 1900. Il fiorire dell'astronautica civile sarà collegato in maniera biunivoca a due fattori fondamentali:

1) L'accesso allo spazio di routine, più efficiente ed economicamente sostenibile, sarà il fattore chiave per ogni possibile attività dello spazio. Ricordiamo che dallo sbarco sulla luna nel lontano Luglio 1969, il costo di accesso allo spazio è stato sostanzialmente invariato e pari a 20.000 $/kg fino solo a qualche anno fa. Oggi, dopo le politiche delle principali agenzie spaziali ma ancor più grazie all'avvento dei primi

operatori privati commerciali (come *SpaceX*), questo costo si è ridotto a circa 8.000$/kg, valore che resta ancora troppo elevato per la vera industrializzazione dello spazio. Avvicinare l'Aeronautica allo Spazio è chiaramente oggi la strada principale e i progetti di turismo spaziale già disponibili lo stanno dimostrando

2) L'utilizzo dello spazio non solo per scopi scientifici come facciamo oggi, ma per lo sfruttamento del "*Quarto Ambiente*" in termini di caratteristiche e di risorse come energia, materie prime, materiali in genere.

L'espansione nello spazio è un percorso ineluttabile e urgente. Il turismo spaziale: primo settore maturo verso l'astronautica civile. Il coinvolgimento delle giovani generazioni che saranno protagoniste del futuro. La multi-culturalità come strumento essenziale per raggiungere le coscienze e far comprendere che lo spazio non è così lontano come lo si percepisce.

Questi alcuni dei concetti del *Center for Near Space*, che ritiene che entro il 2069 (100 anni dal primo passo dell'Uomo sulla Luna) le missioni scientifiche su Marte saranno di routine come oggi andare in orbita; pertanto, per quella data, lo spazio geo-lunare costituirà una vera e propria "*città spaziale*" che ospiterà una comunità di diverse centinaia (forse qualche migliaia) di persone in basi planetarie localizzate su Luna o Marte ma anche basi orbitali, e ci saranno stazioni di rifornimento, magazzini, centri per la produzione e distribuzione energetica, stazioni intermedie come hotel, e altro ancora. In tale scenario, una spedizione spaziale verso Marte potrebbe partire dalla superficie della Terra, dall'orbita bassa terrestre (LEO), dall'orbita bassa lunare (LMO), o da un punto lagrangiano geo-lunare (L4-L5).

Guardando al ciclo di vita della diffusione delle grandi tecnologie nell'era industriale, è possibile prevedere che il nuovo ciclo ovvero la prossima rivoluzione industriale sia l'*Era dell'Industria Spaziale*.

L'azione del Center for Near Space è orientata al Turismo Spaziale in senso ampio, come tematica di concretezza attraverso la quale perseguire la propria *mission*, e stimolare la nascita di un vero e proprio *Space Tourism Business* italiano privato attraverso un decisivo cambio di paradigma: l'attività umana nello spazio non può più restare appannaggio esclusivo della sperimentazione scientifica. Soltanto allargando il perimetro di utilizzo del *"Quarto Ambiente"* al cittadino e alle imprese, sviluppando l'astronautica civile, si darà inizio alla nuova rivoluzione industriale, che produrrà milioni di posti di lavoro sia a terra che nello spazio, creando le condizioni per usufruire delle immense risorse naturali disponibili al di là dell'atmosfera terrestre. La possibilità di vivere più sistematicamente nel nuovo ambiente è tutt'altro che un sogno o una cosa da futuro remoto.

Tutto è pronto, per così dire, per realizzare infrastrutture industriali e ludiche costituenti la *"città spaziale"*, posizionata nello spazio cislunare che sosterrà la vita al di fuori dell'atmosfera terrestre, mentre diversi mezzi di trasporto garantiranno la mobilità in tale spazio, i viaggi di andata e ritorno dalla Terra, nonché l'esplorazione dello spazio verso insediamenti scientifici lunari e marziani.

I progetti strategici del *Center for Near Space* sono:
1) *CaelestiaSydera*, una serie di iniziative scientifiche (conferenze, workshop e seminari) per promuovere la diffusione della conoscenza e della percezione, avvicinare il pubblico e soprattutto i giovani all'ambiente "Spazio", su tematiche quali sistemi economici di accesso allo Spazio sub-orbitale e relative tecnologie, mezzi di trasporto, permanenza e vita dell'umanità nello Spazio.
2) *EduSpace*, momenti formativi orientati agli studenti delle scuole medie inferiori e superiori, per identificare modi e possibilità di coinvolgimento nelle attività del CNS, per lo sviluppo e la diffusione della nuova cultura. In tale ambito, sono sostenute le partecipazioni di gruppi di giovani a

concorsi internazionali con recenti successi significativi; infatti, il team *SpaceLinguine* dell'ITIS "A. Righi" di Napoli ha recentemente vinto il *Campionato del Mondo di Zero Robotics* organizzato dal MIT in collaborazione con NASA ed ESA, dimostrando di essere in grado di controllare un microsatellite a bordo della *Stazione Spaziale Internazionale* dedicato a supportare il lavoro degli astronauti. Il team *Space4Life*, composto da ragazzi del LS "P. Villari" di Napoli, dell'ITIS-LS "F. Giordani" di Caserta e dell'Università Federico II di Napoli, ha vinto il contest mondiale *Lab2Moon* nell'ambito del *Google Lunar X Prize* e manderà sulla Luna l'esperimento *Radio Shield*.

3) *JumpinFuture*, per promuovere l'uso di comuni velivoli dell'aviazione generale in campagne di volo parabolico e offrire agli utenti l'esperienza di circa 5 secondi di gravità ridotta, come viatico per attrarre persone verso i voli parabolici veri (sensazione fisica di assenza di gravità) e quindi verso il turismo spaziale. Il progetto offre quindi l'opportunità a basso costo di sentirsi un po' "astronauta". Grazie alla collaborazione fra l'Università di Napoli, la ditta *Trans-Tech* e l'Associazione Sportiva *Galassia*, sono state effettuate già alcune campagne pilota.

4) *NearSpaceExplo*, progetto che va nella direzione di incentivare l'utilizzo dello Spazio da parte dell'uomo comune, stimolando le istituzioni, i centri di ricerca e le industrie a investire nella progettazione e sviluppo tecnologico in ambito *Near Space* sia per scopi scientifici che ludici (come il turismo spaziale), avendo come principale perimetro d'interesse la capacità italiana di progettazione di sistemi per il volo sub-orbitale, facendo leva su una forte integrazione tra aeronautica e spazio. Ne è un esempio il progetto *HyPlane*, veicolo ipersonico, concepito dalla ditta *Trans-Tech* in collaborazione con l'Università "Federico II" di Napoli. *HyPlane* è uno aerospazioplano da 6 posti e Mach 4-5, in grado di decollare e atterrare orizzontalmente da un aeroporto comune, e può adottare profili di volo atti a realizzare parabole tipiche per sperimentare condizioni di microgravità, raggiun-

gendo quote fino a 100 km, oppure può volare su distanze di 7000 km in meno di 2 ore a una quota di crociera di 30 km. La *Embry-Riddle Aeronautical University* di Daytona Beach, Florida, ha inserito *HyPlane* tra i quattro progetti mondiali più concreti e interessanti in materia di turismo spaziale suborbitale, insieme allo *Space Ship Two* di *Virgin Galactic*, il *Lynx* di *XCOR* e l'*XP* di *Rocketplane*. E l'*Enciclopedia Italiana Treccani* indica *HyPlane* come contributo italiano nel lemma Turismo Spaziale.

Il progetto, ideato da *Trans-Tech* e Università degli Studi di Napoli Federico II, sta riscuotendo notevole consenso tanto che il volo ipersonico suborbitale di un velivolo di piccole dimensioni ha acquisito un ruolo centrale nelle idee progettuali sia a livello nazionale che internazionale. Inoltre, le tecnologie collegate a tale concetto sono state recentemente inserite nella *RIS3* (Research, Innovation and Smart Specialization Strategies) della Regione Campania, anche con lo spirito di sostenere la candidatura dell'aeroporto di Grazzanise a primo spazioporto nazionale.

Il CNS sostiene in particolare alcuni progetti collaterali fondamentalmente di tipo educational, condotti e realizzati da giovani ingegneri e studenti universitari, dedicati a prove in galleria del vento e in volo di modelli in scala prodotti anche con tecnologie additive (Stampa 3D) per diffondere tra le giovani generazioni lo spirito della nuova rivoluzione industriale di *Industria 4.0*.

5) *OrbiTecture®*, dedicato alla fase più a lungo termine del turismo spaziale orbitale, prevede lo studio di architetture infrastrutturali spaziali, in termini di fattibilità e progettazione concettuali, con specifico riguardo a laboratori, hangar di integrazione, hotel (strutture gonfiabili, produzione di gravità artificiale per mezzo di sistemi rotanti), con posizionamento in LEO o in un punto lagrangiano, così come stazioni spaziali lunari e/o marziane.

Lo studio di uno *SpaceHub* in orbita bassa terrestre, come nodo intermedio che possa garantire il collegamento con la Terra, la permanenza in orbita e il molo di partenza per viaggi verso altri punti della città spaziale e l'esplorazione di altri pianeti, rappresenta il primo elemento. Posizionata in orbita terrestre o in un punto lagrangiano geo-lunare come parte della città spaziale ben più complessa, la stazione spaziale *SpaceHub* integrerà le funzione di molo di attracco ovvero nodo di interscambio per viaggi dalla Terra verso altri pianeti e asteroidi e viceversa, di hangar di manutenzione e costruzione in orbita, di laboratorio scientifico e di resort per le circa cento persone continuamente a bordo.

Lo sviluppo di un nuovo insediamento umano nel Quarto ambiente, come questo, dovrà necessariamente e sempre di più portare in conto non solo requisiti tecnici e funzionali, ma anche l'esigenza di una qualità di vita a bordo paragonabile a quella disponibile sulla terra.

Il design assumerà così un ruolo ben più rilevante di quanto non lo sia stato fino a oggi nelle attività spaziali, e si svilupperà una vera e propria nuova disciplina in cui confluiranno conoscenze e formazione di carattere ingegneristico, architettonico, ergonomico, fisiologico, ambientale, e molto di più: *OrbiTecture®*, termine coniato dal CNS come contrazione di Orbital Architecture.

Ecco, Marinetti oggi sarebbe con noi, primo conferenziere, manager, collaudatore volontario e turista nella città spaziale per la prima vacanza italiana sullo *SpaceHub*... per la futura umanità, davvero abbattendo almeno mentalmente le frontiere dello Spazio Tempo, persino del *cyber* o *hypespace*!

«Ritti sulla cima del mondo, noi scagliamo, una volta ancora, la nostra sfida alle stelle!»

REteALE
IL VIRTUALE È PIÙ REALE DEL REALE

Antonio Saccoccio

Ritorniamo brevemente a parlare della famigerata distinzione tra *"reale"* e *"virtuale"*.

Ogni volta che pronuncio il termine *"virtuale"* riferito a ciò che avviene su internet non posso fare a meno di provare un profondo senso di fastidio. Mi è capitato recentemente di affermare, durante il congresso mondiale dei transumanisti *TransVision 2010*, di detestare il termine *"virtuale"*. E l'ho fatto nel momento in cui presentavo e spiegavo la categoria della *"reTEaltà"*, elaborata e praticata da anni dal movimento *net.futurista*. Abbiamo chiarito che non esiste una contrapposizione tra gli ambienti sociali sul territorio e quelli presenti sulla rete internet. Esistono ovviamente notevoli differenze (alcune evidenti, altre meno), ma non è possibile continuare a definire in modo penosamente limitante gli ambienti sociali online come *"virtuali"*. D'altra parte sappiamo che l'aggettivo si porta dietro la sfumatura filosofica negativa di un qualcosa che è in potenza e non si trasforma in atto. Un buon riscontro lo trovo in questi giorni nelle parole pronunciate da Roberto Maragliano in occasione di un convegno ad Alghero sugli spazi dell'educazione: «*È frequente imbattersi in un approccio riduttivo al rapporto fra la cosiddetta "realtà" e quanto va generalmente sotto l'etichetta di "virtuale". Riduttivo nel senso che il secondo termine di tale rapporto viene a caricarsi dell'insieme di pregiudizi negativi tradizionalmente associati all'idea di "immagine", quando in essa (secondo una tradizione peraltro caratterizzata da nobili origini) si vede soprattutto una "ri-presentazione" inautentica di realtà. Allo stesso modo, nel virtuale si tende a cogliere una "copia" limitata quando non deforme del reale, un qualcosa dunque di ingannevole, di astratto rispetto alla realtà fisica, e non di estratto da essa.»*

Anche Maragliano si rende bene conto di questo problema, che – si badi bene – non è per nulla soltanto terminologico. Come sosteniamo da tempo, dietro parole fasulle ci sono idee fasulle. Ed è per questo che chi ha nuove idee deve riuscire a ricreare ogni giorno anche la lingua che esprime quelle idee. Le idee nuove nascono anche a partire dall'impiego di nuove tecnologie. Cambiando la tecnologia, cambia il rapporto dell'uomo con il mondo, cambiano le idee dell'uomo sul mondo, devono quindi cambiare anche i termini per esprimere quelle idee.

Con il termine *"reTEaltà"* abbiamo voluto fondere l'idea di rete, che costituisce il paradigma emergente negli ambienti ancora definiti *"virtuali"*, e la realtà. Questi ambienti *"virtuali"* sono a ben vedere reali, nel senso che ci si ritrova ad avere a che fare con la realtà, declinata (mediata) in vario modo. Non solo. Il paradigma emergente negli ambienti *"virtuali"* è la rete, paradigma che di rimando è destinato a influenzare profondamente (e già lo sta facendo) gli ambienti *"reali"*. Le relazioni evolveranno sempre più reticolarmente: internet ha fornito un modello da mettere in pratica ovunque (è già in atto la demolizione del tradizionale paradigma conoscitivo, e sarà presto in atto la demolizione del paradigma politico gerarchico autoritario, con una transizione dalla democrazia rappresentativa alla *"retarchia"*).

Più interessante ancora è il fatto che il *Net.Futurismo* abbia dato prova di tutto questo in fase non solo teorico-riflessiva, ma anche sperimentale (anzi la fase riflessiva accompagna costantemente l'immersione attiva nel nuovo modello). In questi anni il gruppo nato sul web ha messo in atto negli ambienti online attività reticolari d'avanguardia per poi portare la stessa modalità operativa nelle attività sul territorio (ideazione, progettazione e realizzazione di eventi espositivi e performativi: mostre, conferenze e spettacoli, per intenderci). E così il paradigma nasce e si sviluppa negli ambienti *"virtuali"* per poi influenzare gli ambienti *"reali"*.

In questo caso il virtuale non è di certo la brutta copia del reale.

E non è neppure ciò che non riesce a diventare reale.

Il virtuale è più reale del reale.

LE AVANGUARDIE VIRTUOSE: L'ARTE COME METODO DI INDAGAGINE SPIRITUALE

SOL

> *"Non più contatti con questa terra immonda!*
> *Io me ne stacco alfine, ed agilmente volo*
> *sull'inebriante fiume degli astri che si gonfia in piena nel gran letto celeste! "*
> *(Filippo Tommaso Marinetti, "All'automobile da corsa")*

Richiamiamo alla mente la Tate Modern di Londra.

Duecento metri lineari di fronte sul Tamigi. I quasi cento metri della ciminiera si stagliano, liberi, titanici, contro lo skyline della City. Al di là del fiume, St. Paul agonizza, fagocitata dai palazzi.

Immaginiamola al calar della sera, incorniciata dalle simmetrie dei neon, memento della jüngeriana *"Era dei Titani"*. Luogo creatore di energia motrice, assurto a fucina di energia sublime – l'arte – capace di trascinare e far elevare pensiero e spirito.

Cinque milioni di pellegrini attraversano ogni anno il *Millennium Bridge*, entrano nella *Turbine Hall* – dove un tempo tuonava la voce delle macchine – navata asettica e, al contempo, lugubre nella sua simmetria.

Immaginiamo questi *"fedeli"* procedere intimoriti tra le zampe della *Maman* di Bourgeois (esposta temporaneamente nel 2000 e poi acquisita in maniera stabile nel 2008, NdA), ciclopica guardiana della soglia; attraversare uno stige di moquette bicolore dal taglio felliniano –del collettivo danese Superflex – per poi ascendere, tra le architetture memphite di Herzog & De Meuron – all'empireo panoramico della *Switch House* dove è possibile "*comunicarsi*", con un piatto di salmone affumicato e pane integrale, al prezzo di diciassette sterline e mezzo.

Quanti di loro comprenderanno realmente gli esoterismi dinamici delle installazioni, o i Misteri custoditi in tabernacoli di luce e vetro?

Poco importa. «*L'arte è un incidente dal quale non si esce mai illesi.*» (cit. Leo Longanesi)

Nell'estate del 1931, l'allora Monsignor Giovanni Battista Montini pubblicava, sul primo numero della rivista "Arte Sacra", un accorato proclama domandandosi se «[...]*anche nell'orto pio e pacifico delle rappresentazioni sacre, sarebbe dunque entrato il demone agitato del futurismo.*»

Cosa penserebbe, oggi, quel giovane prelato – futuro Paolo VI – dinnanzi alle chiese del post-concilio?

L'edificio sacro del XXI secolo è frutto di un'operazione che, sotto la maschera del rinnovamento – vero o presunto che sia – cela una destrutturazione che sfiora l'iconoclastia.

«*È difficile immaginare cosa significasse, al tempo, per il popolo una chiesa*» scrive Ernst Gombrich, «*la solidità dell'edificio sacro rispetto alle case comuni, lo svettare del campanile per chilometri nelle campagne: ed è per questo che le comunità si interessavano alla loro edificazione e si inorgoglivano della loro magnificenza e ricchezza.*»

Oggi il tempio – dalle moderne metropoli alle remote periferie, o agli spazi industriali urbanizzati – tende a minimizzarsi e spogliarsi della sua natura, sopprimendo il simbolo o seppellendolo tra le iconografie personali di qualche *archistar*.

Il tempo delle cattedrali è finito, non possiamo che prenderne atto.

A tal proposito, sono emblematici alcuni documenti della CEI degli anni '90 – a firma del Cardinal Luca Brandolini – riguardo la «*la progettazione e l'adeguamento di nuove chiese secondo la riforma liturgica.*» Cito: «*Il rapporto tra chiesa e quartiere ha valore qualificante rispetto a un ambiente urbano non di rado anonimo, che acquista fisionomia (e spesso anche denominazione) tramite questa presenza, capace di orientare e organizzare gli spazi esterni circostanti ed essere segno dell'istanza divina in mezzo agli uomini.*» Un proclama dagli echi, potrei osare, quasi costruttivisti che, proseguendo nella lettura, omette qualsiasi accenno alla simbologia della pianta (a croce greca piuttosto che latina), all'iconografia dei rosoni (soppiantati spesso da lucernari studiati ad arte), o all'orientamento verso l'oriente equinoziale, per soffermarsi sull'ampiezza e comodità della sacrestia, sulla necessità di servizi igienici e ambienti sussidiari.

Se davvero – continuo a citare il Brandolini – «*l'edificio di culto cristiano corrisponde alla comprensione che la Chiesa, popolo di Dio, ha di sé stessa nel tempo: le sue forme concrete, nel variare delle epoche, sono immagine relativa di questa autocomprensione*», c'è da chiedersi cosa rimanga della Chiesa del *Magnum Mysterium*. Se la cattedrale formava con la comunità dei fedeli – usando le parole di Bechmann – un *"ecosistema"* vivo e pulsante – fatto di immagini sacre, decorazioni, luci, ombre e simboli, manifesti o celati, ma pur sempre vivi, presenti e in costante dialogo – cosa possono offrire, al di là di una funzionalità asettica, questi algidi e spogli contenitori?

Non me ne voglia il compianto pontefice. E non me ne vogliano neppure gli amici di pensiero, molti atei, laici o anticlericali (alcuni presenti anche in questo libro, NdA).

Da studioso di scienza *e* credente, da trasumanista *e* mistico, non posso che ricordare come, oggi come allora, sono proprio le avanguardie a riconoscere e – perché no? – ricercare l'anelito del sacro attraverso l'arte, *trait d'union* tra materia e trascendente.

Guardando al passato, al demonizzato Futurismo, come non riconoscerne – a dispetto dei proclami – una profonda, sacrale, tensione al verticale, a un'ascesi non solo immanente (aereonautica) ma principalmente – e profondamente – metafisica.

La velocità marinettiana è, in quest'ottica, qualcosa di più di un moto fisico o meccanico, ma uno *slancio dell'anima* che esorta a penetrare le profondità del cielo.

«*Noi viviamo già nell'Assoluto, perché abbiamo creato l'eterna velocità onnipresente.*»

In un'epoca di stagnazione spirituale, di tensione politica e sociale crescente, a cavallo tra le due guerre, ecco fiorire – nel 1931 – il *Manifesto dell'Arte Sacra Futurista*.

Firmato da Marinetti, e poco dopo da Fillia, pone l'attenzione sull'importanza della *"verticalità"*, in aperto contrasto con i pittori del passato prossimo (e, con il senno odierno, del futuro anteriore), incapaci di uno slancio mistico.

La velocità diviene strumento per il superamento dei limiti spazio-temporali mentre l'artista trova, nel dogma di fede, un'espressione che lo invita a una nuova sfida.

«*[...]soltanto l'artista d'avanguardia, che da vent'anni impone nell'arte l'arduo problema della simultaneità, può esprimere chiaramente, con adeguate compenetrazioni di tempo e spazio, i dogmi simultanei del culto cattolico, come la Santa Trinità, l'Immacolata Concezione e il Calvario di Dio.*»

Non posso che tornare con la mente a questi assunti oggi, di fronte agli abomini della religione post-moderna quali la chiesa del Santo Volto, a Torino, progettata da Mario Botta: dodicimila metri quadrati di pietra rossa che, con le sue sette torri poligonali, assomiglia più a una centrale nucleare (o a un *Transformer*) che a un edificio sacro. O la chiesa di Richard Meier a Roma, un *"palazzetto dello sport"* che ricorda tragicamente un insieme di pannelli fotovoltaici.

Mai come in questi casi, la frattura tra design e Arte si fa evidente. Eppure...

Dall'agnostico Le Corbusier nasce la cappella di Notre Dame du Haut a Ronchamp, rappresentazione dello *"spazio indicibile"*, dimora e corpo di Dio, «*autenticamente sacro e spirituale, santo e mistico*». O ancora la Rothko Chapel di Huston, aconfessionale, circondata dai quattordici *"Quadri Neri"* che sembrano trasportarci nell'*ungrund* di Böhme.

Non più semplice arte religiosa al servizio dello spirito ma arte spirituale *"al di là"* della religione. Il museo, in ottica contemporanea, diviene – o potrebbe, o *dovrebbe* divenire – dunque luogo e spazio del sacro, dove l'arte si spoglia dal semplice valore catechetico, acquistandone uno ontologico, se non addirittura teologico. Aidan Nichols (in *"The art of God Incarnate"*, 1980) paragona l'esperienza della rivelazione, nella fede, a quella dell'artista, o al momento di approccio dell'uomo all'opera d'arte; e come l'opera d'arte è rivelatrice dall'interno di un'iconologia determinata, così l'evento rivelatore lo è dall'interno del complesso dei fatti in cui si svolge l'azione divina. Se, dunque, nell'indagine teologica la ricerca della verità è inaffrontabile senza un'etica e un'estetica, come può questo essere differente in quella artistica. L'unità della coscienza si dà nella figura della coscienza credente solo quando si accenda nell'emozione della percezione. L'integralità della coscienza si realizza nella circolarità fra coscienza estetica e coscienza etica.

Tornando all'immagine iniziale di questa pindarica, e forse confusionaria, dissertazione, mi sento di affermare come, in un'epoca di asettismo simbolico e iconoclastia, stia alle *avanguardie virtuose* – per riprendere il sottotitolo di questo libro – l'arduo compito di divenire sacralizzate e sacralizzanti. Là dove il divino non è più in grado di farsi arte, l'arte diviene strumento di esplorazione del divino.

MANIFESTO DELL'ARTE DIGITALE MOBILE

Marco e Vitaliano Teti

ARTE MOBILE

Ogni rivoluzione tecnologica ne porta spesso con sé una di portata superiore e di natura ben diversa: estetica, precisamente. Quando quello che si vuole dire si salda strettamente alla maniera in cui lo si dice (segnando al contempo un punto d'arrivo e di non ritorno), nasce l'autentica novità e scaturisce la rivoluzione, piccola o grande che sia.

Le immagini riprese dalla videocamera e ancora di più quelle riprese dall'ormai imprescindibile telefono cellulare catturano veri e propri granelli di reale, i quali come schegge impazzite lacerano e strappano il tessuto narrativo e connettivo della rappresentazione e inaugurano una nuova epoca e, probabilmente, una nuova corrispondente estetica a cui si potrebbe assegnare il nome di estetica mobile.

Al pari degli aderenti alla cosiddetta avanguardia storica, numerosi video artisti contemporanei lasciano dunque trasparire dalle proprie opere i seminali concetti di arte *Totale* e di poesia filosoficamente intesa come una *"categoria dello spirito"*. Tale poesia non viene considerata un semplice genere letterario bensì l'elemento che, pur trascendendoli, avvicina e accomuna i vari mezzi espressivi.

Le video-camere degli odierni artisti visuali con discrezione (e di frequente con consapevolezza) registrano e (ri)scoprono ciò che l'utopico Pier Paolo Pasolini chiamava linguaggio della realtà.

VIDEO-DANCE

Il video (e l'audiovisivo in generale) è accostabile alla danza esattamente sul piano dinamico, ovvero, semplificando per comodità, quello del movimento. In pratica, l'omologia tra i due mezzi espressivi si coglie principalmente osservandoli dal punto di vista cinetico, cioè della mobilità (della macchina da presa e del danzatore, in primo luogo).

Costituisce per gli studiosi un compito alquanto difficile e complicato stabilire l'origine, le peculiarità linguistiche e soprattutto l'identità della cosiddetta video-danza, alla quale non è attualmente possibile assegnare una definizione precisa. Essa va infatti considerata al contempo un genere (della video-arte, ormai istituzionalmente riconosciuta), un filone (sempre della video-arte), un approccio poetico-stilistico e una forma espressiva autonoma.

Le definizioni appena date seguono e corrispondono all'evoluzione storica della video-danza, la quale da semplice documentazione di una performance, in questo caso di uno o più numeri di ballo, guadagna nel corso degli anni l'indipendenza acquistando dignità estetica grazie al lavoro sperimentale di autori quali Bob Wilson, Billy Forsythe e Merce Cunningham. Quest'ultimo realizza assieme a Nam June Paik Merce by Merce by Paik (Id., 1978), il cortometraggio che inaugura il periodo aureo della video-danza internazionale e che secondo gli esperti ne rappresenta una sorta di Manifesto programmatico.

Tornando all'assunto che ha aperto e che è alla base del presente intervento, va infine rilevato il fatto che la video-danza viene contraddistinta da un montaggio di tipo ritmico, ovvero attento all'intima, interattiva e dinamica relazione tra immagine, musica e ballo.

LA TECNOSCIENZA FARÀ DI NOI DEI CYBORG O CI SPINGERÀ VERSO NUOVE FORME DI CONSAPEVOLEZZA?

Bruno V. Turra

L'autore di fantascienza inglese Arthur C. Clarke ha scritto che «*ogni tecnologia sufficientemente avanzata è indistinguibile dalla magia*». Questa frase mi sembra dare corpo a molte delle fantasie e dei miti che caratterizzano la percezione di quella particolare costellazione di saperi, pratiche e artefatti che viene denominata tecnoscienza. Fin troppo spesso essa viene considerata in modo avulso dalle strutture sociali e dall'*humus* culturale entro cui si sviluppa, quasi che fosse indipendente rispetto alle dinamiche organizzative, politiche, strategiche, demografiche, sociali e geopolitiche che caratterizzano una civiltà e, nello specifico, un periodo storico complesso come quello attuale.

Spesso infatti, le applicazioni rivoluzionarie della tecnologia vengono assunte come progressi indubitabili (o più raramente condannate senza appello) a prescindere dai contesti di applicazione, presupponendo che esse semplicemente vengano usate, bene o male, ma quasi senza mettere in discussione l'identità dell'uomo e il ruolo che esso viene a occupare nei nuovi ambienti modellati dalla tecnologia. Il proliferare di contrapposizioni ideologiche e il prosperare delle narrazioni collettive che accompagnano lo sviluppo e l'applicazione della tecnologia rappresentano un modo con cui diversi aggregati sociali e differenti comunità danno voce ai sogni e alle paure che ne accompagnano l'evoluzione.

TECNICA, TECNOLOGIA, AUTOMAZIONE E MODERNITÀ

La tecnologia attuale rappresenta l'esito di un lungo processo. Nel corso della storia ogni collettività umana è sopravvissuta, e ha prosperato a volte, applicando norme e pratiche più o meno codificate finalizzate a svolgere attività di tipo manuale o intellettuale di carattere ricorrente. Queste tecniche venivano trasmesse da una generazione all'altra attraverso diversi meccanismi di apprendimento: esse rappresentavano infatti una notevole parte della cultura di una specifica popolazione o comunità.

A partire almeno dalla rivoluzione industriale a queste tecniche sono state applicate in modo sistematico le conoscenze scientifiche che ne hanno consentito lo studio, la razionalizzazione, il miglioramento e la diffusione sistematica. L'interazione tra le tecniche e quella specifica organizzazione del modo di pensare che chiamiamo pensiero scientifico, ha consentito la produzione di quella tecnoscienza in costante sviluppo che è uno dei pilastri su cui si fonda la cosiddetta civiltà occidentale. Oggi esse sono in pieno sviluppo lungo almeno cinque direzioni: biotecnologie, nanotecnologie, telecomunicazione, energie alternative, computer.

Ogni tecnica può essere descritta come un processo che genera specifici *outputs*; ogni processo può essere schematizzato da una o più procedure; ogni procedura può essere automatizzata. Pertanto in linea di principio ogni possibile attività umana – manuale o intellettuale – può essere sostituita da un qualche tipo di macchina. L'integrazione tecnologica degli ultimi decenni ha consentito di creare piattaforme abilitanti (si pensi all'infrastruttura internet composta da un'immensa rete di computer, cavi, ripetitori, satelliti, sensori) che hanno dato una spinta formidabile a questo tipo di approccio. Esso viene applicato con sempre maggiore frequenza e diffusione all'ambiente circostante, al contesto dove operano uomini e macchine; viene applicato agli animali (si pensi alla zootecnia industrializzata) e, sempre più spesso, ai corpi delle persone.

Il processo di automazione tecnologica, che rappresenta uno degli aspetti più visibili della tecno-scienza, si colloca all'interno di un più vasto modello che ha caratterizzato e condiziona la modernità da oltre due secoli: esso consiste nella costruzione di automatismi istituzionali (la burocrazia, la scienza, la tecnologia, il mercato, il calcolo economico, l'azienda, gli algoritmi di calcolo che lavorano su *big data*) che agiscono in modo autoreferenziale, ottimizzando alcune variabili chiave interne e riversando all'esterno gli effetti perversi che esse generano in forma di distruzione dell'ambiente sociale e naturale e, spesso, di compromissione della salute delle persone.

Il mercato, ad esempio, punta tutto sull'efficienza dei mezzi, ma non si cura minimamente degli effetti collaterali che ne conseguono; allo stesso modo l'impresa, intesa come macchina per la valorizzazione del profitto degli azionisti, sembra non preoccuparsi delle esternalità che produce. È all'interno di questo contenitore sociale e culturale, i cui meccanismi di funzionamento costantemente distruggono le condizioni della sua stessa esistenza, che va inquadrato l'intero problema della tecno-scienza, ora più che mai chiamata a uscire da questa visione ristretta per abbracciare un visione olistica più responsabile.

Non è un problema di facile soluzione poiché è la logica stessa su cui si è retta finora la modernità a essere insostenibile nelle sue stesse procedure di funzionamento; questo problema di fondo che accompagna tutto ciò che di positivo la modernità ha prodotto rimane nella sostanza ancora irrisolto, malgrado l'intensità della critica post-moderna e l'apparente onnipresenza del discorso ecologico e della retorica ecologista. Il rischio allora è proprio che le nuove tecnologie contribuiscano ad aggravare questo problema anziché affrontarlo e risolverlo attraverso l'adozione di un nuovo paradigma, a un tempo umanista e tecnologico, come sarebbe auspicabile, possibile e ormai assolutamente necessario.

CENTRALITÀ TECNOLOGICA E DOMINIO TECNOCRATICO

Il richiamo alla logica di funzionamento della modernità è indispensabile per non deviare il dibattito su mere questioni ideologiche pro o contro la scienza, pro o contro la tecnologia e le relative applicazioni sociali. Troppo spesso si dimentica che tecnologia e scienza esistono oggi perché esiste una classe di tecnici e di scienziati altamente specializzati e fortemente legittimati all'interno della società. Per portare avanti l'impresa tecno-scientifica servono persone, servono organizzazioni, università, centri di ricerca imprese, servono apparati statali, leggi, norme e regolamenti, servono gigantesche infrastrutture e tecnologie per collegare e per elaborare enormi quantità di informazioni; servono pratiche condivise e forme di pensiero istituzionalizzato.

Tecnici e scienziati sono innanzitutto esseri umani con passioni, emozioni, valori e sentimenti; essi agiscono all'interno di organizzazioni perseguendo i propri (legittimi) interessi di carriera; le organizzazioni agiscono all'interno di mercati competitivi ricercando con ogni mezzo la massima legittimazione e il massimo profitto (questa è la regola del gioco); gli stati coinvolti agiscono con un chiaro orientamento al potere e al dominio strategico in contesti geopolitici specifici quando non a livello mondiale.

Non è possibile (o quantomeno è molto pericoloso) immaginare che la tecno-scienza si sviluppi in modo completamente indipendente da queste dinamiche, diventando da attuale forza trainante del cambiamento, l'unica variabile esplicativa dello stesso.

L'intero sistema scientifico e tecnologico con tutte le sue realizzazioni non può essere semplicemente disconnesso senza rischi gravissimi dalla struttura e dal sistema sociale entro il quale si manifesta, anche se sempre più contribuisce a conformarlo e orientarlo. Detto in altre parole qualsiasi problema centrato sulla tecnologia applicata alla società non può essere affrontato e risolto esclusivamente con un discorso tecnico-scientifico che si autogiustifichi internamente. Questa possibilità di auto giustificazione non esiste neppure per la matematica come ha dimostrato Gödel con i suoi teoremi di incompletezza.

LA SOSTITUZIONE DEL LAVORO UMANO: VERSO IL PAESE DELLA CUCCAGNA?

Vi è vasta convergenza circa l'opinione che una delle tecnologie in sviluppo più tumultuoso e visibile, quella digitale associata all'automazione, distrugga il lavoro (umano) in modo definitivo. La storia dell'occidente mostra come, in meno di due secoli, la popolazione impiegata nel settore primario sia radicalmente diminuita a fronte di un enorme incremento della produzione agricola (in Italia, ad esempio, la quota della forza lavoro occupata in agricoltura è scesa sotto il 50% solo nel 1925 e adesso è circa del 5,5%); lo spostamento del grosso della forza lavoro verso il settore industriale aveva garantito per oltre un secolo un'occupazione molto alta insieme a un forte incremento dei consumi in grado di trainare la produzione.

Lo sviluppo tecnologico dell'industria e tutte le innovazioni introdotte hanno spostato il lavoro verso il settore terziario che nei paesi più sviluppati ha finito per assorbire una quota maggioritaria di lavoratori già a partire dagli anni Settanta. Oggi questo processo di spostamento non sembra più in grado di funzionare malgrado la continua scoperta di nuovi bisogni e la creazione di nuove attività. Le tecnologie digitali infatti impattano proprio sui processi cognitivi che sono caratteristici delle attività di gestione e di ricerca di informazione che nella società industriale e dei servizi sembravano essere una fortezza lavorativa inespugnabile dalle macchine.

La forza di esse è tale da mettere in discussione anche l'utilità della delocalizzazione connessa all'abbattimento dei costi del lavoro, per decenni asse portante del capitalismo e risposta vincente alle sfide della competizione globale. Oggi le macchine intelligenti consentono già di produrre e di offrire servizi in modo più conveniente rispetto a quanto può essere offerto da una popolazione di lavoratori numerosa e sottopagata dislocata nei paesi più poveri.

La pervasività delle tecnologie è tale da consentire una veloce sostituzione di molti servizi (si pensi all'intero comparto finanziario) lasciando al lavoro spazi sempre più esegui all'interno della catena di produzione di valore. A titolo di esempio, vediamo allora designer di sistemi e proprietari di piattaforme (ricchissimi) a un estremo della catena e operatori di call center e fattorini in bicicletta (poverissimi) all'altro estremo. Tutto il resto è gestito dalle macchine in attesa che l'automazione della programmazione (già molto sviluppata) e i droni per le consegne (già presenti sul mercato) sostituiscano entrambe.

Proprio in questo momento legioni di tecnici e scienziati di aziende e istituti di ricerca stanno lavorando alacremente più o meno coscienti di contribuire direttamente alla eliminazione del lavoro. Siamo dunque di fronte a uno scenario possibile caratterizzato dall'emergere di un modello che, in assenza di drastiche modifiche nella struttura sociale, porta le persone a una dura competizione per accaparrare i pochi posti disponibili, ad accettare ogni opportunità per quanto sottopagata e a inventare continuamente nuove forme di lavoro. Un esempio quanto mai calzante di quegli automatismi istituzionali autoreferenziali che minacciano le potenzialità positive contenute nella tecnologia che, per la prima volta, potrebbe consentire di liberare l'uomo dall'obbligo del lavoro.

Questa ipotesi pone tuttavia una domanda inquietante: per le persone, un mondo senza lavoro sarebbe un paradiso o un inferno? Fino a poche generazioni fa la risposta sarebbe stata scontata; oggi la prospettiva senza lavoro appare più come un incubo terrificante che come una luminosa promessa. Dal lavoro come necessità per guadagnare lo stretto indispensabile per vivere che aveva caratterizzato la vita di milioni di persone in epoca pre-moderna, alla ricerca del posto di lavoro necessario per accedere ai servizi e al consumo propria della società industriale, ci si sta orientando ora verso nuove concettualizzazioni del lavoro ancora tutte da scoprire.

Ma più passa il tempo più l'equazione lavoro/consumo (per tutti) su cui è ancora fondata l'economia ufficiale sembra perdere forza man mano che le tecnologie proseguono nel loro sviluppo.

Si tratta di una sfida epocale che deve essere affrontata con nuovi strumenti e nuove strategie che dovranno garantire un minimo reddito a ognuno e la possibilità di intraprendere percorsi creativi e innovativi capaci di generare valore aggiunto e nuovo capitale sociale che possa consentire alla società di riprodursi all'interno di un contesto fiduciario.

La fine del lavoro causato dalle tecnologie non pone infatti solo sfide economiche e finanziarie ma anche e soprattutto sfide di significato che si spingono fino al livello più personale e soggettivo, posto che il lavoro è ed è stato uno dei più potenti meccanismi identitari della società moderna.

Il paese di Cuccagna, il mito secolare dell'occidente, il luogo ideale nel quale benessere, abbondanza e piacere sono a portata di tutti, potrebbe essere vicino, ma la paura sembra attanagliare buona parte della classe dirigente abbarbicata a visioni obsolete e una moltitudine di persone incapaci di abbandonare vecchie opinioni e stili di vita, incapaci di vivere pienamente in un contesto di abbondanza possibile e benessere diffuso. I segni di una spinta al superamento di queste limitazioni si colgono già oggi nel proliferare di saperi e di professioni fortemente centrate sullo sviluppo umano, sulla cura della consapevolezza, sul riequilibrio interiore, sugli aspetti più spirituali e religiosi del vivere che accompagnano (e spesso si oppongono) con sempre maggiore frequenza lo sviluppo scientifico e tecnologico.

LA TECNOSCIENZA DI FRONTE ALLE SFIDE DEMOGRAFICHE

Se scienza e tecnologia sono fatte innanzitutto da persone (e da organizzazioni), se i loro prodotti impattano sulla vita di sempre più persone in modo sempre più massiccio e pervasivo, il loro sviluppo non può essere pensato come indipendente e distaccato dagli aspetti demografici esplosivi che caratterizzano il tempo presente. La demolizione dei confini e delle barriere per consentire i liberi flussi di capitali, di merci e di lavoratori, sta mostrando aspetti che intersecandosi con le modifiche dell'ambiente tecnologico e gli squilibri demografici rischiano di portare l'intero sistema verso il default.

Singolarmente, il tentativo tecno-scientifico di mettere sotto controllo la popolazione mondiale è miseramente fallito attestandone di fatto la non onnipotenza. Non solo la popolazione è salita a oltre 7,4 miliardi di persone ed è in costante crescita ma i disequilibri demografici sono diventati esplosivi. I paesi occidentali sono in uno stato di decrescita che viene sanata esclusivamente da massicci flussi migratori alimentati da situazioni di miseria, impoverimento, conflitto o guerra aperta, che rendono ancora più appetibili le migliori condizioni di vita che quelli sono in grado di offrire. Se l'ipotesi della distruzione di lavoro per effetto della tecnologia è vera si prospettano tempi assai difficili poiché, in assenza di lavoro, ovvero di forte competizione per accaparrare il poco disponibile, l'integrazione diventa estremamente difficile e l'inclusione di fatto, impossibile.

Si tratta di un altro aspetto cruciale che il vecchio modello ancora dominante non è in grado di risolvere né attraverso il rifiuto né attraverso l'accoglienza: una situazione largamente favorevole alla diffusione di tecnologie per il controllo e la sicurezza confezionate per rispondere alla paura crescente di larghi strati di popolazione spaventata da queste novità.

Per i fautori del modello *mainstream* di sviluppo, miliardi di persone rappresentano semplicemente un formidabile mercato da costruire e sfruttare ricorrendo a tutte le forme compatibili di tecnologia, internet in primis. Per il vecchio modello di crescita insostenibile questo implica produrre di più, consumare di più, possedere di più: una retorica che sembra avere buon gioco di fronte alla fame e alla miseria che grava ancora su larghe porzioni di cittadini del mondo, la cui cultura è stata distrutta insieme alla loro economia di sussistenza. In verità le tecnologie consentono già ora una produzione più che sufficiente a coprire i bisogni di tutti: il vero problema è la redistribuzione ovvero l'iniqua ripartizione dei benefici e delle perdite.

Un problema questo che nessuna tecnologia può risolvere in assenza di una precisa volontà politica e strategica. Un tema, quello della relazione tra sistemi tecnologici ed aspetti demografici, che nessuno sembra avere il coraggio di affrontare seriamente tenendo conto della complessità biologica, dell'ecologia e degli effetti di lungo periodo delle scienze mediche che promettono un allungamento ulteriore della vita. Un quadro che richiama per certi versi le più buie rappresentazioni di H. R. Giger o le narrative estreme di P. K. Dick che hanno ampiamente orientato l'immaginario collettivo degli ultimi decenni.

CONSUMATORI POST-UMANI O CO-PRODUTTORI NEO UMANI

Istituzioni della modernità, nuove tecnologie, digitalizzazione crescente, distruzione di lavoro e squilibrio demografico rappresentano (alcune) variabili all'interno di un'equazione molto complessa.

La tecnoscienza consente di costruire ambienti sempre più intelligenti; consente di costruire macchine sempre più raffinate che interagiscono con questi ambienti e con gli esseri umani; consentirà (in alcuni casi già consente) di mettere a punto servizi e prodotti in grado di potenziare molte capacità delle persone, di sostituirne pezzi funzionali dei corpi, forse di allungarne la vita.

Ogni nuova entità che viene interconnessa alimenta questa mega macchina digitalizzata producendo nuova informazione; proprio questa informazione diventa sempre di più il bene di cui essa si alimenta e di cui non può fare a meno; gli algoritmi di calcolo che agiscono usando questi dati sono in grado di estrarre informazioni di cui ancora non si intuiscono i limiti e le possibilità. A fronte di questo ambiente, che si suppone a torto pienamente controllabile e gestibile perché artificiale, stanno i comportamenti di miliardi di persone che appaiono spesso l'un l'altro incomprensibili.

L'avvento dell'iperconnessione tecnologica (ogni cittadino collegato al sistema attraverso le interazioni digitali e la procedure di controllo), la probabile perdita di riferimenti culturali consolidati, l'esigenza (insoddisfatta) di trovare modelli sociali radicalmente differenti da quelli terribilmente distruttivi della modernità (che rappresentano ancora la base del pensiero economico mainstream e della finanza) spingono le persone verso una ricerca di senso che può assumere forme estremamente diversificate, che oscillano tra il rifiuto radicale della tecno-scienza e la sua esaltazione acritica. Tra queste, due ipotesi, opposte seppure entrambe favorevoli allo sviluppo della scienza e della tecnologia, sembrano essere particolarmente significative.

(A) La prima si appella all'idea di un cosmo materiale e indifferente alla sorte degli umani; essa si colloca semplicemente sulla prosecuzione della linea di sviluppo consolidata, fondate sull'ideologia della crescita illimitata, sull'onnipotenza del mercato, sulla necessità del lavoro e del consumo; si richiama ancora al paradigma della scienza newtoniana-cartesiana basata su una nozione di cosmo dove la materia è la base dell'universo e ogni evento è riconducibile alla logica causale, dove la coscienza è indubitabilmente collocata nel cervello e dove l'uomo può disporre senza limiti dell'ambiente considerato semplicemente come pura risorsa economica. Un approccio che può essere coerente sia con una visione atea che con una visione che prevede la presenza di un dio trascendente.

In questo scenario, le persone, i gruppi e le organizzazioni (quelle che potranno permetterselo ovviamente) semplicemente sceglieranno in un colossale mercato cangiante le cose che man mano verranno create da un sistema produttivo sempre più dipendente dalle macchine.

L'uomo, consumatore egoista, potrà potenziare sé stesso attraverso le protesi più varie, vivrà molto più a lungo, avrà la possibilità di diventare sempre più staccato dalle sue basi biologiche iniziali. Secondo i sostenitori di questa prospettiva, l'uomo avrà la possibilità di potenziare in vari modi il corpo e i processi che in esso si manifestano compresi i processi cognitivi ed emozionali: potrà esperire stati di felicità e di piacere attraverso l'uso di nuove sostanza prontamente predisposte dalle case farmaceutiche.

Definirei questa la via dell'organismo cibernetico (cyborg), che dovrebbe vivere in un ambiente altamente tecnologico, secondo un modello ancora fondato sul consumo (tecnologico) illimitato, che pone al centro la possibilità di scelta di prodotti e servizi (allo stesso modo aproblematico con cui le persone decidono di fare acquisti al supermercato). Un'ipotesi che non tocca minimamente le questioni sociali ed antropologiche menzionate nei paragrafi precedenti dove, semplicemente, si da per scontato che la tecnoscienza, nuova religione dominante, provvederà a risolvere ogni problema (in modo autoreferenziale) ricorrendo a meccanismi che diventano sempre più impersonali.

(B) La seconda si richiama all'idea di kosmos, inteso come l'integrazione della dimensione fisica (cosmo), emotiva, mentale e spirituale in una totalità vivente che include ovviamente il sistema della tecno-scienza. Essa si fonda sul paradigma della cosiddetta nuova scienza che mette a patrimonio le acquisizioni di discipline quali la fisica quantistica, la psicologia umanistica e transpersonale, l'antropologia (etc.) integrando, sviluppando e superando la mera logica cartesiana. In questa prospettiva il sistema della tecnoscienza appare anche come un potente meccanismo che non solo genera conoscenze e applicazioni sempre più sbalorditive ma, spingendo sempre più avanti i limiti di ciò che *"le macchine"* sono e possono fare spinge l'uomo verso una costante evoluzione che è innanzitutto interiore.

Più le macchine consentono di creare ambienti intelligenti e riescono a replicare azioni che si credevano tipicamente ed esclusivamente umane, più è necessario trovare spazi in cui riconoscere l'unicità umana. Questo allargamento di prospettiva, questa profondità di campo, rappresenta un salto evolutivo che va di pari passo con le acquisizioni scientifiche che lo spingono; ogni tecnologia diventa in tal senso uno strumento attraverso il quale fare esperienze, un sistema che spinge a evolversi scoprendo nuove forme e nuove dimensione dell'umano che, nel passato, sono state patrimonio di pochissime persone.

Chiamerei questa la via della metafisica fondata sulla scienza: essa è costantemente aperta al dubbio e all'interrogazione costante e usa sistematicamente le metafore che scaturiscono dalle nuove tecnologie per innestare processi di scoperta ed apprendimento (si pensi a titolo di esempio alla potenza esplicativa dell'ologramma contrapposta a quella del motore o dell'orologio).

DAL TANGIBILE ALL'IMMATERIALE

Secondo alcuni osservatori lo sviluppo della tecnologia sembra configurare un sistema che spinge inesorabilmente lungo due direzioni: da un lato una sempre maggiore integrazione tecno-economica che rappresenta un possibile aspetto massificante e omologante della cosiddetta globalizzazione; dall'altro una crescente virtualizzazione che sposta verso l'immateriale e dunque verso i quesiti interiori che da sempre assillano l'animo umano.

Queste direzioni tuttavia non implicano di per sé alcuna necessità di una ricaduta positiva per l'umanità nel suo complesso: ci si trova infatti di fronte all'esistenza di una pluralità di visioni del mondo (ciò che uno vede) dietro le quali si celano identità (ciò che uno è) estremamente diversificate e differentemente diffuse nella popolazione.

Non vi è dubbio che una quota consistente di persone sia ancorata a una visione magica, mitica o addirittura arcaica che rimanda a identità conformiste, egocentriche e bassamente impulsive. Così come non vi è dubbio che le persone fortemente legate a una visione razionale e a una identità rigorosa e scientifica siano frequentemente in contrasto con le visioni pluraliste, relativiste e olistiche fondate su certo individualismo di stampo spirituale ed ecologico. La coesistenza di questi sistemi, così come la possibilità che hanno le persone di viverli e superarli (potenzialmente) per arrivare a una visione del mondo genuinamente integrale, capace di connettere ognuno in una visione fondata su una identità realmente evoluta, è componente essenziale di quella complessità che fa eccezionale la vita sul e del pianeta terra.

La tecnologia interpretata ed applicata in termini puramente razionali piuttosto che magici o mitici è cosa diversa da quella immaginata e gestita in termini integrativi ed ecologici.

Non può che inquietare e allo stesso tempo rappresentare una formidabile sfida il fatto che gran parte delle persone sia ancora fortemente legata a visione ego-centriche (io, il mio ego) o socio-centriche (noi, la mia etnia, la mia religione, la mia nazione) piuttosto che a una visione mondo-centrica (tutti noi, la cura universale, l'essere ognuno unico), capace di rispettare ogni identità in un abbraccio integrale che riconosca comunque la ricchezza e l'indispensabilità delle visioni del mondo altre, senza subirle ma senza negarle o distruggerle.

Se si porta fino in fondo questa argomentazione dobbiamo ammettere che sposare la filosofia redentrice della tecnoscienza (dietro la quale non si può non riconoscere il mito del progresso illimitato e dello sviluppo unidirezionale) o al contrario rifiutarla ferocemente non significa necessariamente sposare le ragioni dell'evoluzione e dello sviluppo umano: in molti casi dietro a queste scelte si nascondono motivazioni radicalmente opposte, alcune genuinamente tese al superamento del narcisismo della cultura dell'io e del *"solo noi"*, proiettate verso l'autonomia e l'abbraccio integrale; altre, la maggioranza, tese all'esaltazione dell'ego narcisista, del potere come violenza della prevaricazione di gruppo di etnia e di nazione. Ideali apparentemente alti nella loro retorica linguistica sono spesso al servizio di impulsi bassissimi.

LA CONSAPEVOLEZZA SCIENTIFICA

Grazie alle tecnologie digitali, per la prima volta nella storia, viviamo in una civiltà dove informazioni relative a miliardi di persone, società, organizzazioni, istituzioni, scienze, discipline e tecnologie sono accessibili e facilmente manipolabili, dove impersonali algoritmi di calcolo possono confezionare rappresentazioni della realtà su misura; una situazione inimmaginabile fino a poche generazioni fa.

Questa possibilità dovrebbe forse aiutare a sfuggire dai limiti delle sfere autonome autoreferenziali che minacciano la modernità dal suo nascere generando una situazione che rischia di essere insostenibile; potrebbe forse aiutare a elaborare una visione d'insieme più integrata sulla quale fondare linee di sviluppo maggiormente responsabili.

La scienza, che è stata studiata a fondo da sociologi, filosofi ed antropologi (come Popper, Kuhn, Latour, solo per citarne alcuni) con i suoi caratteri di libertà, creatività, apertura e controllo intersoggettivo, può fungere da esempio e modello anche per altri campi, cominciando proprio dalla tecnologia.

Se è vero che ormai buona parte della ricerca scientifica non può più prescindere dai computer (ovvero dalle macchine), è anche vero che non tutto il sapere da essa generato si traduce in tecnologia applicata e diventa tecnoscienza. Buon parte di esso esplora settori che sembrano essere più vicini a quelle che venivano chiamate un tempo *"scienze dello spirito"* aprendo riflessioni che rimandano decisamente al mistero, alla natura ultima e al senso profondo del mondo e dell'esistere stesso (basti pensare alla sconcertante fisica quantistica). È a questo tipo di sapere che bisogna forse guardare per evitare di essere incantati e sviati dalla potenza crescente delle applicazioni tecnologiche attribuendo loro un potere salvifico e una capacità di redenzione che rischia di diventare palesemente irrazionale ed estremamente pericolosa.

È quanto emerge con chiarezza dalle acquisizioni delle scienze dei sistemi e della complessità, dalle discipline che studiano l'identità collettiva e i miti, dai campi disciplinari che indagano l'identità degli individui; ed è anche quanto gli scienziati migliori hanno spesse volte messo in risalto.

MARINETTI
IL FUTURO CHE CHIAMA DAL PASSATO

Stefano Vaj

Nel 1909 esce su *"Le Figaro"* il *Manifesto* che inaugura il Futurismo. Quando nel 1969, alle elementari, mi ci cadde l'occhio in coincidenza con il primo sbarco lunare, diventai Futurista, mentre il futuro si richiudeva alle mie spalle. Eppure, ancora oggi, il pensiero, l'esempio, la poesia e i programmi di Marinetti rappresentano l'epicentro, l'occhio del ciclone da cui è ancora possibile guardare a un avvenire possibile. Questo, come ho avuto altre volte modo di ribadire, perché il Futurismo esattamente rappresenta la saldatura tra il pensiero postumanista che, da Nietzsche e Darwin in poi, si sforzava ormai da una cinquantina d'anni di pensare un mondo ormai totalmente esplorato, in cui Dio è morto e l'uomo è chiamato a diventare qualcosa di diverso da sé per *"ereditare la terra"*, e la presa d'atto della portata della tecnica moderna, che rappresenta il mistero stesso di tale trasformazione, la sfida centrale di tale autosuperamento.

Così, la prospettiva marinettiana tuttora ci sfida proprio in rapporto al *"barcollare sulla soglia dell'ignoto"*, o forse – peggio – al rischio di un esaurirsi della spinta faustiana che ci ha condotto sino a qui, nel luogo temporale aperto su mille sbocchi ma in cui comunque non potremo restare, non esistendo vere alternative alla regressione, al *Brave New World*, o al contrario all'epoca di un postumano plurale. Esaurirsi, dicevamo, di tale spinta faustiana, che inevitabilmente risponde all'indebolimento – deliberato e non – dei suoi presupposti: presupposti sociali, economici, educativi, "ideologici", e soprattutto culturali, nel senso forte e antropologico della parola.

Scriveva Marinetti cento anni fa: «*Noi affermiamo che la magnificenza del mondo si è arricchita di una bellezza nuova: la bellezza della velocità.*»

Velocità? In realtà, sono decenni che i record di velocità sono sostanzialmente stazionari. Quello assoluto, nello spazio (che spetta ancora al Voyager, in viaggio da oltre trent'anni). Quello nell'aria, sull'acqua, su ruota, a piedi. Ma ancora più stazionari, o in diminuzione, sono le velocità medie dei trasporti aerei, terrestri e acquatici. Il cittadino europeo che, negli anni ottanta, poteva attraversare l'Atlantico a bordo di un Concorde ormai si avvicina alla pensione, e vede rinviata sempre più in là la data di un ipotetico ritorno a servizi supersonici di linea, intanto che l'aereo militare da ricognizione SR-71 Blackbird con la fine della guerra fredda è stato avviato alla discarica insieme con la sua insuperata potenzialità di segnare Mach 3 sul tachimetro.

Le "*automobili volanti*" della futurologia anni sessanta sono rimasti sulle pagine ormai ingiallite di tale letteratura, come gli hovercraft destinati a rimpiazzare le navi sugli oceani del globo. Al massimo, abbiamo macchine che consumano un po' meno, inquinano un po' meno, sono un pochino più aerodinamiche. E arrancano tra un ingorgo urbano e improbabili limiti di velocità autostradali imposti dall'ossessione per la sicurezza che pervade le nostre società.

Ma parliamo pure della velocità delle trasformazioni storiche e tecnologiche, del "*ritmo incessante*" delle scoperte e delle innovazioni. Di cosa stiamo però davvero parlando? L'accensione della prima centrale a fusione nucleare era prevista per gli anni ottanta, e c'è voluto un consorzio di dieci nazioni primarie per arrivare solo oggi a baloccarsi con il "*reattore sperimentale*" noto come ITER.

La "*guerra contro il cancro*" ha prodotto soprattutto un sacco di statistiche, che dimostrano che grazie alla diagnosi anticipata la vita media del malato si è allungata... perché prima i malati scoprivano di esserlo molto più tardi, e quindi non rientravano nelle statistiche.

Il primo sbarco umano su Marte era stato annunciato con sicurezza per il 1982 all'atto dei primi passi di Armstrong e Aldrin sulla luna, a mente della tecnologia dell'epoca. Una tecnologia che del resto vi è da dubitare se non sia andata nel frattempo addirittura parzialmente perduta, a cominciare dall'incredibile storia dello smarrimento dei progetti del *Saturn V*, per finire con le difficoltà in cui oggi si arrabatta la NASA per riprodurre qualcosa del genere e conservare la capacità di portare uomini nello spazio senza dover ricorrere a tecnologia sovietica più o meno della stessa epoca della conquista lunare, dopo la fine dell'ingloriosa farsa degli Shuttle.

In campo culturale, veloce è il succedersi... dei *revival*, dei ricicli, dei ripescaggi di tutto quando è stato fatto, detto, pensato negli ultimi secoli, anzi, negli ultimi decenni. Anni Sessanta, anni Cinquanta, anni Settanta, tutto fa brodo, gli anni Ottanta sono ormai sicuramente in via di essere abbastanza *"dimenticati"* per prestarsi tra breve a fornire a loro volta un simulacro di novità per il consumatore o per l'intellettuale occidentale. Veloci sono ancora la progressiva disindustrializzazione delle nazioni già sviluppate, il trasferimento di risorse umane come merci da una regione all'altra, il declino demografico, la disgregazione del tessuto sociale e delle identità linguistiche, etniche, politiche.

Veloce è il degrado della ricerca fondamentale e della formazione, in special modo nel settore tecnoscientifico, nell'illusione che possa funzionare una società composta solo da banchieri, agenti di borsa, pubblicitari, consulenti, nonché dai domestici e stilisti di costoro.

Marinetti continua invece a interpellarci, da par suo, sul *"promontorio dei secoli"*. Il momento centrale di un periodo pari a poco più di una vita umana, in cui sono stati concepiti o hanno visto la luce o sono stati scoperti i motori a combustione interna, la rivoluzione industriale, l'urbanesimo moderno, le grandi strutture in cemento armato, il grattacielo, i risorgimenti nazionali, tutte le avanguadie artistiche, quasi tutte le rivoluzioni europee, il microscopio, il razzo, l'energia atomica, la teoria dell'evoluzione, la meccanica quantistica, la genetica, le mutazioni, il DNA, il calcolatore digitale, la colonizzazione e la decolonizzazione, la registrazione automatica e la trasmissione a distanza di testi, dati, suoni, immagini, la comunicazione di massa, gli agenti patogeni, i vaccini, gli antibiotici, la anestesiologia e chirurgia moderne.

Questa è velocità. Una velocità che anche letteralmente e fisicamente accelera nello stesso periodo di ordini di grandezza, e per cui qualcuno, ancora più avanti di quanto già andasse avanti il mondo, voleva «*inneggiare all'uomo che tiene il volante, la cui asta attraversa la Terra lanciata a corsa, essa pure, sul circuito della sua orbita*», un uomo avviato verso il superamento di sé e verso una trasformazione apertamente postumana.

Senonché, la società contemporanea, sempre più pervasa dal primitivismo, dal tradizionalismo museale, dal moralismo, dal neoluddismo, dall'ideologia *"umanista"* della decrescita e dell'ordine naturale e della conservazione dell'esistente, dopo aver strappato di mano il fuoco a Prometeo è rimasta con il proverbiale cerino in mano. Non ha il coraggio di buttarlo, è difficilmente in grado di spegnerlo. Scendere dalla tigre che i nostri predecessori hanno cavalcato rischia di rivelarsi una ricetta sicura per la catastrofe. E, d'altra parte, non pare più in grado di cavalcarla, non ha più la volontà e la capacità visionaria per farlo.

In questo, ritornare allo spirito che ha animato il futurismo storico, immaginare un superamento in avanti della *"modernità"* esaurita che costituisce l'ultimo orizzonte del mondo attuale, continua a rappresentare l'unica alternativa in grado di restituire – al di là del miraggio cimiteriale, senile e piccolo-borghese di una *"fine della storia"* – un nuovo destino alle nostre vite, una nuova grandezza.

LA BIONICA COME MODA

Maurizio Ganzaroli

Viktoria Modesta è una modella lettone che, dopo essere nata con una malformazione alla gamba sinistra che l'ha portata ad avere la mancanza di mezza gamba all'altezza del polpaccio, volendo vincere a tutti i costi questo suo handicap, ha cercato di migliorare il suo corpo per renderlo più forte e perfetto esteticamente, poi si è fatta amputare ulteriormente la gamba per poter così mettersi delle protesi disegnate da stilisti, tanto da farle diventare accessori di moda.

È diventata per tante persone, vittime di menomazioni, un vero e proprio esempio, tanto che alcune case di moda ricercano donne che abbiano arti artificiali o che siano d'accordo a farseli disegnare e indossare durante i servizi fotografici o video. La pericolosità della cosa è che le donne o ragazze si facciano convincere a fare operazioni in cambio di notorietà.

Nel mio racconto di anni fa era ipotizzata proprio questa trasformazione della moda in una macchina tanto cinica da spingere le donne a tramutarsi in esseri di metallo senz'anima, pur di rimanere belle per l'eternità.

Forse la fantascienza ha sfiorato la realtà?

ELECTRIC GIRLS

Dalle cronache reali, anno 2230

Quel che ancora non poteva esistere in quel momento, aveva solo bisogno di tempo. Le molteplici creature robotizzate, che gravavano sulla già incredibile moltitudine di persone che abitavano il pianeta, divenivano sempre più perfette man mano che passava il tempo.

Erano pochi i dettagli che le distinguevano dagli esseri umani, almeno in apparenza, e si mescolavano a loro sempre di più. A volte erano semplici fili che sporgevano dalla carne, o un braccio automatico che lasciava trapelare la loro reale natura ma, come dei simulacri degli esseri umani, potevano copiare, mimare e imitare qualsiasi cosa gli venisse loro richiesto.

Le ragazze elettriche dovevano inventarsi una vita mai realmente vissuta che qualche inventore pazzoide aveva innestato nei loro cervelli positronici; potevano però far finta di vivere, legarsi a un uomo, fare servizi fotografici, calendari; persino apparire felici. Ma in loro, nel profondo, qualcosa le amareggiava: quell'unico sentimento che riuscivano realmente a capire, l'incompletezza.

Non erano in grado di comprendere i veri sentimenti che c'erano dietro gli esseri umani: così imperfetti, pieni di dubbi e di paure che li rendevano completamente incomprensibili e inadatti a sopravvivere nel tempo.

Le ragazze elettriche erano cresciute poco a poco, in principio erano solo donne con parti metalliche, ma poi al metallo ne era seguito altro, e poi altro ancora.

Questo racconto, così come lo riporto, è ciò che ricordo a partire dall'anno 2030. Ancora oggi, a distanza di duecento altri, non rimane altro.

Oggi, la possibilità di vivere per sempre in un corpo di metallo che sfida il tempo è data a chiunque.

"Non si corrompe, può sollevare centinaia di kilogrammi, ma può essere delicato come un fiore!" Questa è l'insulsa pubblicità che spinge le persone che non vogliono invecchiare a farsi trapiantare il cervello o anche soltanto la memoria in un corpo di metallo, apparentemente umano.

Da tanti anni nascono nuove ragazze elettriche, donne completamente meccanizzate, sempre ai tuoi ordini, che parlano a comando, che sanno fare felice un uomo, ma non che riescono a esserlo loro stesse.

Ricordo che iniziò tutto con qualche pezzo qua e là, ma poi se ne perse il conto.

Le prime che si fecero convincere a farsi innestare parti metalliche furono le ragazze di spettacolo che apparivano sui calendari e nelle pubblicità, si convinsero anche a farsi cambiare il colore della pelle in toni nuovi e innaturali, sempre alla ricerca della sensualità perfetta. Ancora non si rendevano conto di quello che stava succedendo, che ciò che stavano facendo avrebbe infettato per sempre le loro menti e il loro modo di vivere; non avevano pensato che se una donna può usare la sua immagine fino ai quarant'anni, poi si può riposare, lasciare in pace il proprio corpo, la propria mente e godersi una pensione da favola per molti anni.

Come sarebbe vissuta una donna che può arrivare fino a cent'anni, senza cambiare nulla nel proprio aspetto?

Avrebbero venduto l'anima a un qualsiasi Mefistofele per raggiungere tale scopo, ma non erano coscienti di star facendo qualcosa di molto peggio.

Certo, sarebbero occorsi sacrifici, innestare altre parti bioniche, togliere, sostituire, cambiare. Tutto per la mera bellezza che, seppur inalterata, le stava rendendo schiave di un mondo meccanico e pieno di menzogne.

La loro anima via via si allontanava, senza che se ne accorgessero. La loro immagine era tutto ciò che contava.

Vie buie, rischiarate solo da qualche lampada a petrolio fuori delle locande; donne vestite di nero e avvolte in tetri mantelli di peccato che si aggiravano in cerca di vittime per la propria brama di sangue. Così le si sarebbe potute immaginare diversi secoli prima: schiave della non-morte, piuttosto che esseri legati a un'eterna, futura vita robotica. Vampire, tecnologiche forse, ma pur sempre anime dannate, destinate a vagare sulla terra per l'eternità, in cerca di qualcosa che non le soddisferà mai completamente.

Se i cambiamenti si fossero limitati ai colori cangianti, luminosi e sintetici, dei primi modelli, forse non sarebbe accaduto nulla. Ma presto iniziò il collasso: quando, durante la notte, i sistemi anti-gravità – necessari per spostare agilmente i loro corpi metallici – andavano in stand by, le potevi vedere, nel loro sonno artificiale, galleggiare sopra le teste dei mariti. Inquietanti, ondeggiavano nel buio a un palmo dal soffitto, come spiriti di morti senza pace. Come lamie, fluttuanti nella notte, parevano dormire; un sonno irreale, niente più che una pausa tra un imput e l'altro.

La medicina cercava dei rimedi alle malattie che non comportassero una tale disumanizzazione, ma purtroppo restava sempre più facile sostituire il metallo con la carne.

Le pubblicità proponevano medicine, ma poi ricordavano: *"Vorreste prendere pastiglie per tutta la vita, quattro volte al giorno, per non invecchiare? Vorreste dovervi svegliare nel cuore della notte per prendere la pillola blu, o quella rossa, altrimenti quando vi alzerete domani vostro marito potrebbe non riconoscervi più? Scegliete la Automat! Automat vi offre i migliori sostituti del vostro corpo, in puro titanio garantito trecento anni, vedrete che sarete soddisfatte!"*

E adesso, dopo tutti questi anni, voi ragazze elettriche siete ancora qui, sempre belle e perfette, a guardarmi morire. A deridermi con le vostre voci suadenti e polifoniche.

«Ma di che cosa ti lamenti, vecchio? Non ti sei forse fatto cambiare gli organi anche tu per poter vivere più a lungo? Non hai forse ceduto alla vanità della vita eterna?»

«Voi non sapete neppure cosa sia la vita, ragazze mie, la mia vita può ancora avere un termine, anche se nessuno può dire quando sarà, mentre voi?»

«Noi rimarremo belle per sempre! Per l'eternità! Anche dopo la tua morte. Noi saremo sempre qui!»

«Oh, sì! Sarete sempre migliori, perfette, ma non potrete mai sapere come si sta nella pelle di un essere umano, cosa vuol dire sognare, amare, soffrire la mancanza di una persona amata; perché la vostra longevità senza fine vi è costata l'anima!»

«Taci vecchio!»

«Sì è vero, sono un vecchio, ma un uomo io lo sono stato, anche se tanto, tanto tempo fa!»

SCIENCE, FUTURISM, TRANSHUMANISM IN THE PRESENT WORLD

intervista a Sean Clancy

Il futuro è adesso. Eppure il mondo sta vivendo un periodo di forte precarietà e incertezza. Quali sono le sue previsioni riguardo l'economia e la politica internazionale?

Mi spiace, ma non credo di essere in grado di esprimermi in maniera dettagliata riguardo alla politica e all'economia. Ma, in generale, penso sia importante considerare lo stato attuale del mondo nel contesto più ampio della storia umana. In ques'ottica trovo difficile considerare disastrosa la situazione attuale.

Steven Pinker (autore di *"2011, I migliori angeli della nostra natura"*) sostiene che la società umana ha, in ottica globale, avuto miglioramenti sensibili nel corso del tempo. Il XXI secolo, solo per fare un esempio, è sicuramento meno violento di quanto siano stati quelli passati. Seguendo Pinker, suggerisco che, una valutazione oggettiva debba essere compiuta non in rapporto a dieci anni fa, ma a cinquanta, cento o mille anni.

Scienza, futurismo e transumanesimo sono le soluzioni?

Se i futuri sviluppi tecnologici possano fornire soluzioni ai nostri problemi, dipende precisamente dai problemi ai quali ci stiamo riferendo. Per alcuni, la risposta è quasi certamente sì. Se un dato problema può, in linea di massima, essere risolto con mezzi tecnologici e se esiste un forte incentivo economico, allora abbiamo ragione di aspettarci che lo si possa risolvere tramite la tecnologia. Facciamo un esempio: nel 1850 nessuno aveva un'idea precisa di come si sarebbe potuto sviluppare il cosiddetto *"volo più pesante dell'aria"*. Era tuttavia chiaro che, presto o tardi, sarebbe stato possibile. Fu proprio questa *fiducia* nella tecnologia a muovere gli investimenti e i capitali che, poco più di cinquant'anni dopo, resero questo sogno realtà.

Proprio per questo ritengo plausibile che molti dei nostri problemi più urgenti verranno risolti, a breve, attraverso lo sviluppo scientifico e tecnologico: perché c'è la convinzione che sia possibile e vi sono investitori disposti a supportarlo. Aumento dell'aspettativa di vita, miglioramento biologico, ricerca e sviluppo di reali Intelligenze Artificiali, sono ormai più che una semplice utopia. (Si veda: *"La singolarità: un'analisi filosofica"*, David Chalmers, 2010).

Per altre questioni, la risposta è meno chiara. Un tema interessante, ad esempio, è se i futuri sviluppi tecnologici potrebbero aiutarci a risolvere le questioni filosofiche tradizionali.

Generalmente si presume che le IA di nuova generazione avranno capacità epistemiche decisamente superiori a quelle umane. Questo sarà, per molti futurologi, il vero motore della singolarità tecnologica: le IA non saranno solo in grado di progettare ulteriori IA meglio di qualsiasi essere umano, ma le loro capacità cognitive le renderanno capaci di risolvere la maggior parte dei quesiti scientifici.

Ma se consideriamo i grandi dilemmi della filosofia – le questioni etiche e ontologiche, ad esempio, o la *"bontà"* o *"giustizia"* di valori e azioni – è lecito domandarsi in quale modo e con quali esiti vi si rapporterebbe un'Intelligenza Artificiale.

Da un lato, se le IA sono intellettualmente *migliori* di noi umani, dovrebbero esserlo anche nella teorizzazione etico-ontologica. D'altra parte, nella maggior parte dei casi la filosofia morale è fortemente dipendente dall'intuizione e dalla morale che caratterizzano intimamente l'individuo. Il ragionamento *morale* di un'IA dipenderà interamente da quali *intuizioni* le saranno codificate fin dal principio (ammesso che questo sia possibile)? E, in caso affermativo, sarà in grado di discernerle o, se necessario, metterle in discussione? È in corso un grande dibattito su quali *valori* si dovrebbero conferire a un'IA: la questione si è sempre centrata sul tentativo di rendere le IA amichevoli e in grado di allinearsi all'etica e alle necessità umane.

Auspico che il crescente interesse per la Singolarità porti a un sempre maggiore dialogo tra scienza e filosofia.

NEBBIA

postfazione, di Giovanni Tuzet

Nulla di visibile, si poteva solo immaginare. Era come se, quella sera, tutta la sostanza bianca e lattiginosa del globo si fosse data appuntamento lì.
«Dove andiamo?»
«Non lo so. Sei tu l'esperto, Roby.»
«Esperto di cosa?»
«Di serate come questa.»
«No, Sergio, non mi pare. Ma andiamo all'Oca Morta.»
«Andiamo.»

«Eccoci. È bello entrare con un tabarro all'Oca Morta.»
«Questa poi! Uno come te, che sembra un bambino robotico, con un tabarro.»
«Ma all'ostessa potrebbe piacere.»
«Sai qualcosa dell'ostessa?»
«Mora e segaligna, ha una relazione extraconiugale con il meccanico. Il marito è troppo infatuato della rivoluzione comunista per pensare a lei. Un giorno la moglie e la figlia del meccanico sono venute all'osteria per malmenare la sgualdrina.»
« Oh...»
« Questa è una storia che dovrebbe piacerti. Tu sei un chimico passionale, ti fai prendere da queste cose.»
«Sì, molto! Ma stasera l'ostessa non c'è.»
« Non la vedo.»
« Dove sarà?»
« Chissà. Prendiamo un bicchiere?»

Fuori, il livello della nebbia era cresciuto. Sergio e Roby avevano preso un bicchiere e cercato l'oste per pagare, senza trovarlo. Una cameriera li rassicurò: avrebbero pagato un'altra volta.

Decisero di proseguire l'aperitivo all'Orfeonica.

«Sei mai venuto qui?»

«Con te, non ricordi?»

«Anche i bambini robotici perdono colpi.»

«Per questo collezioni pornobambole?»

«No, quelle fanno arredamento: le appendo al posto dei paesaggi. Cosa beviamo?»

«Qui c'è una musica misterica e hanno un vino di palude, dal sapore viscerale.»

«Adatto a te. Sai come si chiama?»

«No, ma possiamo chiederlo.»

«Chiediamolo!»

«Sai come chiamano l'oste?»

«No.»

«Nebbia... »

«Le sue mani vanno e vengono dal banco...»

«Nebbia è molto sapiente.»

«Ma è possibile che a Ferrara ci sia sempre?»

«Cosa?»

«La nebbia.»

«In questa stagione...»

«No, voglio dire nei film, nei libri, nei romanzi... che scarsa fantasia.»

«Ma non è vero che ci sia sempre, va e viene. È inafferrabile.»

«Però la senti quando ci sei in mezzo.»

«Per questo serve un tabarro!»

Sergio e Roby presero il vino viscerale, intravidero Nebbia fra gli avventori al banco. Appariva indaffarato e, quando chiesero il conto, li invitò a ripassare più tardi.

Lasciato anche quel locale, si spostarono da Barilin, poco distante.

«Sai perché chiamano così quest'osteria?»
«No, dimmi.»
«Una volta, il proprietario era un vecchio tondo.»
«Che poca fantasia.»
«Tu come vorresti essere chiamato?»
«Ah, una volta me lo sono chiesto! Tommaso Buonanotte! E tu saresti Pietro Buongiorno.»
«E cosa faremmo?»
«Un trittico con una ragazza, chiaroscurale.»
«Il trittico o la ragazza?»
«Entrambe le cose. Quello che potrà avere, non saprà volerlo. E viceversa.»
«Spiegati meglio Roby.»
«Ci sarà una notte estiva in una casa di campagna, durante una festa, dove ci avrà entrambi, ma il primo completamente, il secondo si negherà all'ultimo. Noi ci diremo tutto. La relazione con il primo non potrà continuare, con il secondo non sarà mai iniziata. Lei avrà giocato tutte le carte e avrà perso, non le rimarrà nulla. Vorrà ancora ciò che non potrà e non saprà tenere ciò che avrà.»
« Eh...»
«Ti piacerebbe come storia? O preferisci dei nomi come Riccardo Riccardi e Daniele Danieli? Faremmo delle cose più normali, prevedibili, rotonde.»
«Il vino comincia a farsi sentire. Ho qualche effetto alla testa.»
«Qualche affetto?»
«Qualche effetto.»
«Mangia delle nespole che ti aiutano.»
«Delle nespole?»
«Non hai mai girato la campagna a cercare nespole?»
«Le nespole no. Mi piace fantasticare sulle case di campagna abbandonate, i muri silenziosi, l'odore dell'umido, dei mattoni e della terra. È la mia preferita tra le fantasie. Chissà chi abitò fra questi muri, chi stava qui, le sere al lume fioco della lampada, gli uomini in tabarro che rientravano, le donne nelle faccende silenziose. Pare che ancora dalle pie-

tre, dalle polveri si sprigioni qualcosa, che ascoltando con la massima attenzione si sentano ancora gli echi profondi di quanto si disse lì quando facevano l'amore.»

«Le case contadine del dopoguerra erano valide.»

«Perché?»

«Avevano gli altari domestici, l'uno accanto all'altro c'erano Stalin e Gesù! Era molto suggestivo.»

«Tu mi stai scherzando.»

Gli amici avrebbero voluto saldare il conto ma il nipote di Barilìn, che ora lavora per Nebbia, insistette per farli pagare tutto dopo, nel locale successivo. I due iniziavano a perdere il conto, del bevuto come del dovuto...

Sergio e Roby arrivano al Bar del Bucalino. Il nome aveva una ragione precisa: la padrona non aveva i servizi e dava il bucalino ai bisognosi.

«La mia vita è piena di lacune, Sergio. Vorrei una splendida cicciona, pertanto.»

«Non farmi rider che il bucalino è impegnato!»

« Dico sul serio.»

«Ne conosco una ma sta con un bolognese. Non sopporto i bolognesi. Sono i panzoni del nulla.»

«Nessun panzone è intelligente. Tutti i bolognesi sono dei panzoni. Dunque, nessun bolognese è intelligente.»

«Che bel ragionamento! Com'è che funziona?»

«Nessun M è P. Tutti gli S sono M. Nessun S è P. Questo è il sillogismo.»

«Dimmene un altro!»

«Tutti i buoni a nulla parlano forte. Nessun ferrarese parla forte. Nessun ferrarese è un buono a nulla.»

«Bello! Che forma ha questo?»

«Tutti i P sono M. Nessun S è M. Nessun S è P.»

«Che forte! Adesso andiamo Al Baccan.»

L'osteria Al Baccan non era lontana, ma trovare la bici, la chiave del lucchetto, la direzione giusta dopo diversi bicchieri non era immediato. Comunque ci arrivarono e bevvero ancora.

«Potremmo andare al night: c'è uno spettacolo di Jessica Faraone!»

«Prima suonano Moreno Zanzibar e la sua orchestra.»

«Da non perdere!»

«Questo posto mi ricorda una bettola parigina piena di cantanti avvinazzati, cani umidi, senape e donne equivoche. Potrebbe chiamarsi "Gli assassini".»

«Qui vicino c'è anche la "Casa dell'assassino", in via Cammello. L'ineffabile via Cammello, dove visse l'amante del Duca e adesso sfilano le studentesse con l'ambizione di fare le modelle.»

«Sento che mi ha morso un anacoluto.»

«Ma quanto costa lo spettacolo di Jessica?»

«Chiediamolo a Nebbia.»

«I soldi sono soldi.»

«Non sono sporchi: il concetto di soldi sporchi è superato.»

«L'onestà è importante. Perché l'etica è importante.»

«Come no?»

«Nebbia lo saprà, anche perché se ne intende. Sai che è suo anche questo posto? Ogni tanto arriva dietro il banco. Praticamente sono sue tutte le bettole di Ferrara.»

«È un monopolista!»

«Ci sa fare, ha trasformato dei buchi in paradisi.»

«Ogni buco è un paradiso!»

«Viva Stalin e Gesù!»

«E quel vecchio indovino, Lampone? Sai che fine ha fatto? Quel vecchio parruccone di Lampone.»

«Roby! Parlane con rispetto!»

«Ah, era talmente inutile che se muore non lascia neanche la puzza.»

«Quando chiese a suo padre di studiare musica, fu messo a studiare la scherma. A dodici anni tentando esperimenti chimici produsse un'esplosione. Quando arrivò alla musica sapeva già le reazioni umane e delle cose. E spiazzò tutti andando oltre, come Paracelso.»

«Paracelso?»

«Sì, l'alchimista svizzero che studiò anche a Ferrara con Copernico.»

«Gli alchimisti non hanno prodotto la bomba. Dovresti saperlo, Sergio.»

«Ho qualche effetto alla testa.»

«Se non ti piacciono le nespole, mangia un uovo sodo.»

«Erano belle le osterie di una volta, dove da mangiare c'erano solo uova sode e salame.»

«Ora ripartiamo, a pochi fiordi virtuali ci aspettano altri esperimenti.»

Nel passare da un'osteria all'altra, il tempo apparve l'oro interminabile. Una lentezza, una staticità, una prudenza sonnolenta e sospesa si impadronì delle gambe e delle ruote. Tutto andava più piano, fino a fermarsi.

Arrivarono al Supplizi, la più infame fra le osterie.

«Abbiamo bevuto un bel freddo per arrivare.»

«Senti il loro nettare, ne vale la pena.»

«Senti questa: Dio è Dio e Gesù è il figlio di Dio. Ma se Gesù è Dio, Dio è il figlio di Dio.»

«Ma no, Gesù è Gesù…»

«Non hai seguito il ragionamento, Sergio.»

«Una storia che mi è sempre piaciuta è quella di Gesù che trasforma una legione di diavoli in un branco di maiali.»

«Sentiamo.»

«I maiali rimasero tanto sconcertati da gettarsi in un precipizio e annegare nel lago. Che ne fu dei diavoli, dopo la morte dei maiali, non si sa. Se si trasformarono in pesci e, attraverso la digestione, finirono nel cervello degli uomini, o se ritornarono all'Inferno o rimasero in acqua, è un nigma.»

«Un problema chimico, direi.»

«Non solo: sarei ansioso di sapere se un ebreo, mezzo morto di fame, abbia pescato quei porci e li abbia venduti al mercato, e quale effetto il lardo di un maiale demoniaco, che si era ucciso, abbia avuto sui consumatori.»

«Insomma una cosa serissima.»

«Il Figlio di Dio si dimostrò più incline a fare ciò che desideravano quei diavoli piuttosto che quanto interessava ai proprietari dei maiali.»

«Dannazione.»

«E come i diavoli possano vivere nei corpi degli uomini o delle scrofe non viene spiegato.»

«Come i microbi in un brodo di montone, che può bollire quanto si vuole ma i diavoli continuano a rimanere vivi e vigorosi.»

«Non si cuociono?»

«Pare di no, ma lasciamo perdere il maiale. Beviamo, piuttosto! Chi beve dorme. Chi dorme non fa peccati. Chi non fa peccati va in Paradiso. Dunque, chi beve va diretto in Paradiso.»

«Proprio diretto?»

«Direttissimo.»

Gli amici avrebbero voluto saldare il conto ma Nebbia continuava a dirgli che avrebbero pagato dopo, che tanto si sarebbero ritrovati nel posto successivo. Ormai avevano perso il conto del dovuto; iniziarono a preoccuparsi. Si chiesero, addirittura, se non ci fosse un intrigo, una macchinazione contro di loro. Dovunque andavano Nebbia rifiutava di ricevere il loro denaro. Diceva di fare alla prossima, di non preoccuparsi.

NOTE BIOGRAFICHE

ADRIANO V. AUTINO, filosofo del rinascimento spaziale, imprenditore e softwarista, presidente di Space Renaissance International, membro del Board di Space Renaissance Italia. Autore di alcuni libri e molti articoli, sul tema filosofico di espansione civiltà nello spazio. Tra gli altri: "L'espansione della civiltà nello spazio è una questione morale" - Journal of Space Philosophy 2013; "Affrontare le sfide del 21° secolo con gli strumenti dell'Umanesimo Astronautico" - Journal of Space Philosophy 2012; "Tre tesi per il Rinascimento Spaziale", con Alberto Cavallo e Patrick Collins (Libro, lingua inglese 2011); "La Terra non é malata: é incinta!" (Libro, lingua italiana, 2008); "Fondare un nuovo rinascimento - verso la Space Renaissance Academy", 2008. Nel 2014 a Milano ha curato, e partecipato con Gennaro Russo (e altri), Space Renaissance Italia, il primo congresso in Italia, patrocinato dal CNR e dall'ASI (Agenzia Spaziale Italiana), segnalato da Il Sole 24 Ore, Meteo Web e altre prestigiose testate. Nel 2016 si appresta a pubblicare "Un Mondo più grande è possibile! L'espansione della civiltà nello spazio è la questione morale della nostra epoca".
http://www.spacerenaissance.org

LORENZO BARBIERI, classe 1992, nato a Bologna, laureando in giurisprudenza all'Università di Ferrara e giornalista pubblicista. Appassionato di Storia, policy making europeo e Politica. Vincitore di diversi concorsi europei e premiato dal Presidente della Commissione Europea nel settembre 2012 a Firenze e nel luglio 2013 a Bruxelles. Ha pubblicato, tra altro, in AA.VV., "Giardini, libri e biblioteche: un indissolubile legame" su Biblioteca di via Senato e in AA.VV., " La grande guerra futurista, Centenario della prima guerra mondiale..." (La Carmelina) e in AA.VV. "Non aver paura di dire. Il coraggio dell'indicibile 2.0" (La Carmelina).
http://www.estense.com/?cat=49696

SANDRO BATTISTI (Roma, 1965), scrittore di fantascienza. Ha esordito nel 1993 con il racconto Il gioco pubblicato da Stampa Alternativa. Tra i primi blogger attivi in Italia, noto in rete con lo pseudonimo di "Zoon", nel 2004 è stato uno dei fondatori del movimento letterario fantascietico connettivista. A partire dal 2005 si è dedicato allo sviluppo di uno scenario comune a molti suoi lavori successivi, noto come "Impero Connettivo" (uno Stato modellato sull'esempio dell'Impero romano il cui il dominio si estende su spazio e tempo, governato da una stirpe di alieni semieterni), dapprima con racconti apparsi inizialmente su NeXT, la fanzine del movimento di cui ha assunto anche la direzione, e con il fumetto "Florian", successivamente in due romanzi: "PtaxGhu6", scritto in collaborazione con Marco Milani (2010)[7], e "Olonomico" (2012). Suoi racconti sono stati pubblicati nelle antologie "Noir no War" (a cura di Alda Teodorani e Marco Milani), "Supernova Express" (a cura di Giovanni De Matteo e Marco Zolin), "Frammenti di una rosa quantica" (a cura di Lukha B. Kremo), "Notturno alieno" e "Terra Promessa"(entrambe a cura di Gian Filippo Pizzo), oppure in e-book (tra gli altri La mappa è una contrazione e Ancient name). Nel 2009 ha curato l'antologia di racconti connettivisti "A.F.O. - Avanguardie Futuro Oscuro". Ha pubblicato articoli e racconti anche sul sito Fantascienza.com, e sulla rivista Futuro Europa. Con altri connettivisti ha scritto il cortometraggio La trentunesima ora, prendendovi parte come attore. Dal 2010 collabora con Kipple Officina Libraria come editor. Conduce sulla webradio radionation.it il programma radiofonico Tersicore. Premio Urania nel 2014 con "L'impero restaurato ", ex-aequo con Francesco Verso ("Bloodbusters"), poi in Il "Sangue e l'Impero" (Mondadori, Urania, 2015).
https://it.wikipedia.org/wiki/Sandro_Battisti

PIERFRANCO BRUNI (Nato in Calabria) Archeologo direttore del Ministero Beni Culturali (MIBACT), componente della Commissione UNESCO per la diffusione della cultura italiana all'Estero, è presidente del Centro Studi "Grisi, vicepresidente del Sindacato Liberi Scrittori. Ha pubblicato libri di poesia (tra i quali "Via Carmelitani", "Viaggioisola", "Per non amarti più, Fuoco di lune, Canto di Requiem"), "La pietra d'Oriente" (Pellegruini, 2015), racconti e romanzi (tra i quali "L'ultima not-

te di un magistrato", "Paese del vento", "L'ultima primavera", "E dopo vennero i sogni", "Quando fioriscono i rovi"). Si è occupato di letteratura del Novecento con libri su Pavese, Pirandello, Alvaro, Grisi, D'Annunzio, Carlo Levi, Quasimodo, Ungaretti, Cardarelli, Gatto, Penna, Vittorini. Numerosi sono i suoi testi sulla letteratura italiana ed europea del Novecento. Ha scritto saggi sulle problematiche relative alla cultura poetica della Magna Grecia Ha scritto, tra l'altro, un libro su Fabrizio De André e il Mediterraneo ("Il cantico del sognatore mediterraneo", giunto alla terza edizione), ovvero sul rapporto tra linguaggio poetico e musica. Un tema che costituisce un modello di ricerca sul quale Bruni lavora da molti anni. Oltre al saggio-racconto "Mediterraneo. Percorsi di civiltà nella Letteratura contemporanea". Ha pubblicato, inoltre, i romanzi "Il perduto equilibrio" e "Il mare e la conchiglia" oltre al suo testo di poesie "Ulisse è ritornato", tradotti in Paesi esteri (tra gli scrittori italiani più tradotti all'estero - Pierfranco Bruni). Nel 2014 ha collaborato e promosso, partecipato a diversi tributi eventi anniversari dedicati a illustri scrittori e intellettuali italiani. Ad esempio per Francesco Grisi, Giuseppe Selvaggi, Giuseppe Berto. Ha pubblicato, inoltre, recentemente e tra altro: ""Giuseppe Berto. La necessità di raccontare" (Centro Studi Francesco Grisi, 2014); "Che il dio del Sole sia con te "(Pellegrini, 2014); "Asmà e Shadi. Preziosa come la luna nel disincanto del sogno" (Pellegrini, 2013); "Nel mare di Calipso. La dissolvenza omerica e l'alchimia mediterranea in Giovanni Pascoli " - con Marilena Cavallo (Pellegrini, 2012); AA.VV., Marinetti 70. Sintesi della critica futurista (a cura di A. Saccoccio - R. Guerra). Candidato 2015 al Premio Nobel per la letteratura.
https://it.wikipedia.org/wiki/Pierfranco_Bruni

IVAN BRUNO (Sanremo, 1976), scrittore di fantascienza, fantasy e horror. Presidente dell'Associazione artistica e culturale Hyperion. Ivan mostra sin dall'infanzia uno spiccato senso artistico nel disegno e inizia a creare mondi fantastici nel suo immaginario quotidiano. Devono passare parecchi anni prima che gli venga concessa l'occasione di esprimere la propria creatività al pubblico: ci prova con la radio e la musica, come speaker e deejay, poi si immerge nell'arte della cucina ed entra nella ristorazione, diventando chef; alla fine si rende conto che tutti questi mondi possono essere catapultati sulla carta, nelle più rocambolesche delle situazioni e delle ambientazioni, e inizia a creare il suo universo lettera-

rio. Nel 2014 pubblica la prima opera, Mondi Perduti, frutto di un lavoro durato due anni. Due anni spesi a rincorrere personaggi e a tessere trame intricate che lo hanno condotto a raccogliere dieci dei suoi migliori racconti in un unico libro. Deciso ad andare avanti e spinto dalla voglia di scrivere, si impegna a costruire il suo primo romanzo e, nel 2015, pubblica La Guerra del Metallo Freddo, lanciando così il suo primo grande messaggio ai lettori italiani. Lo stesso anno scrive un racconto per una raccolta inedita intitolata Effimero Panico, di Sol, in cui si trova il seguito del suo primo racconto Ballata Kadosh, e partecipa a una presentazione dei suoi libri nel circuito Mondadori. Il 25 aprile 2016 fonda, con sua moglie Fiona Wiegersma e con il fratello e scrittore Sol, l'associazione no profit Hyperion, concepita con lo scopo di supportare, tutelare, produrre e promuovere gli artisti emergenti. Tramite Hyperion ha già pubblicato, su Amazon, una silloge tratta da un concorso letterario gratuito, Verso un Nuovo Mondo, i cui proventi sono indirizzati al progetto Gold For Kids della Fondazione Umberto Veronesi. Nel 2017 pubblica un ebook con un racconto breve, nel quale lancia il suo nuovo personaggio fantascientifico Reizard Strike, reporter dello spazio.
https://www.amazon.it/Ivan-Bruno/e/B00I813F2I

RICCARDO CAMPA (Mantova, 1967, Cracovia), professore di Sociologia della scienza e co-direttore del Centro di Ricerche sulla Storia delle Idee dell'Università Jagellonica di Cracovia (Polonia). È curatore della collana Vestigia Idearum Historica (mentis Verlag), direttore editoriale della rivista accademica Orbis Idearum: History of Ideas NetMag, e curatore della serie editoriale Divenire: Rassegna di studi interdisciplinari sulla tecnica e il postumano. Ad esempio, Divenire 3 Futurismo (2009). Oltre a dedicarsi al lavoro universitario, partecipa alle attività di diverse associazioni culturali e istituzioni scientifiche. È fondatore e presidente dell'Associazione Italiana Transumanisti, fellow dell'Institute for Ethics and Emerging Technologies, ricercatore del Centro Militare di Studi Strategici del Ministero della Difesa e vice-presidente del comitato scientifico dell'Associazione Filomati. Giornalista professionista, ha collaborato e collabora con diversi giornali e periodici, tra i quali Il Mondo e Il Sole 24 Ore. I suoi interessi di ricerca riguardano principalmente il transumanesimo, il futurismo, la filosofia della scienza, le questioni bioetiche e la storia delle idee. Tra le sue pubblicazioni spiccano i volumi: "Episte-

mological Dimensions of Robert Merton's Sociology" (Copernicus University Press, 2001), "Etica della scienza pura" (Sestante, 2007), "Mutare o perire" (Sestante, 2010), "Trattato di filosofia futurista"(Avanguardia 21, 2012), La specie artificiale (Deleyva, 2013), "La rivincita del paganesimo. Teoria della modernità"(Deleyva, 2013), Storie di fine vita. Saggio sull'eutanasia (La Carmelina, 2014), Creatori e Creature. Anatomia dei movimenti pro e contro gli OGM (Deleyva, 2016). Campa è anche noto musicista electro pop: tra gli album, "The Italian Way", pubblicato in Usa dalla Space Sound Records.
https://it.wikipedia.org/wiki/Riccardo_Campa_%28sociologo%29

PIERLUIGI CASALINO è nato a Laigueglia (SV) il 29.06.1949, vive a Imperia. Ha viaggiato in Europa e nel Mondo Arabo, ha scritto di affari internazionali, ha trattato argomenti diversi dalla critica musicale a quella letteraria, artistica, filosofica e storica. Saggista, geopolitico e commentatore, creativo e poeta, studioso dell'immagine e della rappresentazione della realtà. Ha già pubblicato diversi lavori, "Il Tempo e la Memoria", dedicato al Padre Michele Casalino (segnalato da il Sole 24Ore, Radio); "Dopo la Primavera Moderna. Islam, Donne e Modernità" (La Carmelina, 2013); "L'Uomo Futurista, Arabian Futurism Contemporary " (La Carmelina, eBook,2014); "AA. VV. Urfuturismo" (La Carmelina, eBook,2014); "Sanremo Capitale della canzone italiana" (La Carmelina, eBook, 2015); "AA. VV., Non aver paura di dire... "(La Carmelina, eBook, 2015).
Info http://lanotiziah24.com/tag/pierluigi-casalino/

TONINO CASULA (Seulo-Cagliari, 1931). Artista contemporaneo e video artista storico (arte transazionale). Fin da giovanissimo (1948) realizza mostre personali e collettive in Italia e all'estero. Nel 1958 aderisce al Gruppo 58. Negli anni '60 circa collabora con giornali e riviste, è autore di programmi radio e della televisione, promuove come conferenziere l' arte, la comunicazione, l'educazione del nostro tempo. Aderisce al Gruppo Transnazionale, al Centro di Cultura Democratica. Nei '70 al Centro Arti Visive: ospite, in Belgio, Rijkscentrum Frans Masereel (Kasterlee); collabora al Centro Internazionale Sperimentazione Arti Visive di Villasimius., partecipa (performance) a "La città favolosa", Mantova. Negli '80 sperimenta la computergrafica. Negli anni'90... le diafanie performative (teatro, danza, musica), produce i primi cortronici 2d (cortometraggi elettronici bidimensionali) e poi i cortronici 3d (cortometraggi elettronici tridimensiomali), spesso con le musiche di Roberto Zanata.Tra numerose pubblicazioni si segnalano: "Taccuino" - edizioni Il Capitello - 1964; Impara l'arte (Einaudi) - 1977; Il libro dei segni (Einaudi) - 1980; Tra vedere e non vedere (Einaudi) - 1981; Parlare & scrivere oggi - pubblicazione periodica - Fabbri editore - 1985; toninocasula - monografia a cura di Corrado Maltese - ed. Duchamp - 1990; Arte per la didattica « Univ. cattolica Milano - Ed. Vita e Pensiero - 1990; Vedere e sapere (Einaudi) - 1991; con lo pseudonimo di Andrea Fattori, I testi iconici (Mondadori) « 1998. Per la pubblicistica sul Gruppo Transazionale: Ferrazza: Ferrazza, Murtas e Musio, inoltre "Cardia, Arte Scienza nella Videoart". (Mostre Personali "minime" più recenti: "Guernica y Luna", con musica di Nicola Cisternino 14'16" - 1998 -"La sagra della primavera", con musica di Strawinsky -1998 - "Fantasia Deutalia", con musica Hagel Bleeck - 1994 - "Orma, norma, forma" 1994 - "Whi Pa Cha tra i pinguini", musica Paolo Fresu & Tangram trio 1993 - Seganalato anche in Sardegna Cultura (http://www.sardegnacultura.it/j/v/253?s=25035&v=2&c=2678&c1=2818&visb=&t=1): http://www.toninocasula.net/

ADA CATTANEO, Lago di Como, sociologa postmoderna, scrittrice di fiabe del futuro anteriore, lombardo. E' autrice di numerosi testi, tra essi: (Sociologia) "Neuroscienze e Eye Tracking nel punto vendita. Tra processi decisionali e display;" e "Web ed Eye Tracking: per una comunicazione più efficace". A cura di Olivero N., Russo V. in "Psicologia dei consumi", McGrawHill, Milano, 2013. (Letteratura). "L'incantata Terra dei Draghi. Leggende e Tradizioni Lombarde"; AA.VV., "The Italian Rose 2000" (La Carmelina). Laureata in Filosofia all'Università Cattolica, si è specializzata con Vincenzo Cesareo, Francesco Alberoni e Gianpaolo Fabris. Docente di Psicologia dei Consumi del Prof. Vincenzo Russo, Università IULM e di Sociologia (Università Vita-Salute San Raffaele) collabora con un gruppo internazionale, FAUI e Scenarios, a cura di Terry Clarck Nichols, Chicago University. Attivista del transumanesimo italiano. http://www.psicologiadeiconsumi.it/chi-siamo/team/ada-cattaneo/

VITALDO CONTE Scrittore, Poeta (lineare, verbo-visuale, video, sonoro), performer, teorico d'arte e conferenziere. Docente di Storia dell'Arte

all'Accademia di Belle Arti di Catania e in seguito a Roma, dove vive. Fra le numerose pubblicazioni: "Nuovi Segnali" (Antologia con audiocassetta sulle poetiche verbo-visuali e sonore italiane anni '70-'80) (1984); "Dispersione" (2000); "Anomalie e Malie come Art"e (2006); "SottoMissione d'Amore" (2007); Pulsional Gender Art" (Avanguardia 21, 2011); "Pulsional Trans Art" (Gepas, 2012); Saggi in "Lidia Reghini di Pontremoli, "Culture e Media (Roma, UniversItalia, Roma, 2015), '"Cannibali di Immagini' (Roma, UniversItalia, 2015), "AA.VV., Libro manifesto Per una Nuova Oggettività" (Heliopolis, 2011). Fra gli ebook: "Fuoripagina TransArt" (2014). Per il centenario del dadaismo ha pubblicato in BvS, Biblioteca di Via del Senato, Milano, 1-2016. Ha pubblicato (Avanguardia 21, 2013) il CD Pulsional Ru.mo.re! Stefano Balice, Fabiorosho, Antonio Saccoccio, Helena Velena e nel 2015 il DVD '"Ritual Rumore (festa bianca, ultima arte)", 2016; AA.VV., "Marinetti 70. Sintesi della critica futurista (Armando editore, 2015) Fra le numerose mostre pubbliche curate: 'Dispersione' (Foggia), 2000; 'Malie plastiche' (Foggia, Lecce), 2002; "Anteprima XIV Quadriennale" (Palazzo Reale, Napoli), 2003-04; 'Julius Evola' (Reggio Calabria), 2005-06; 'Mistiche bianche' (Reggio Calabria), 2006; 'DonnaArte' (Trepuzzi), 2007; 'Eros Parola d'Arte' (Lecce), 2010;-spettacolare) con pubblicazioni, cartelle, dvd, ecc. Come artista ha partecipato ad alcune centinaia di eventi e performance, esposizioni personali e collettive, in Italia e all'estero. Da segnalare, tra le più recenti, il festival Bande a Sud, Lecce, 2014 (con lo stesso V. Capossela) e La Festa Bianca (Lecce, 2014, 2015), Come teorico-performer "ri-nasce", nel 2009, con il nome di Vitaldix. Scrive su il Borghese (Roma), Biblioteca di Via del Senato- BvS (Milano), collabora con la Fondazione Julius Evola e altre riviste specializzate d'arte e cultura. Nel 2016 su BvS, ha pubblicato alcuni testi per il Centenario del Dadaismo.
http://www.vitaldoconte.com/

DAVIDE FOSCHI (Milano). Promotore del Metateismo e del Nuovo Rinascimento, prima come corrente artistica e poi come vero e proprio movimento culturale e alla fondazione del Centro Leonardo da Vinci a Milano, di cui è presidente. Dopo importanti personali nazionali e partecipazioni internazionali, viene selezionato per partecipare al progetto "Imagine" di Giammarco Puntelli e le sue opere sono collocate accanto a quelle di Andy Warhol. In contemporanea con lo svolgersi di Expo

2015 a Milano, le sue opere esposte in un'ambiziosa personale presso il Museo d'Arte e Scienza, e "L'Ultima Cena" e "Madonna con Bambino" sono state scelte per partecipare a "L'Arte e il Tempo", da un'idea di Giulia Sillato, direzione artistica di Giulia Sillato e di Giammarco Puntelli, in Expo in Città in Expo 2015. Nel gennaio 2016 si segnalano gli eventi collettanei a Milano e in sinergia con lo Spazio Tadini, "Metaborg e "METATEISMO: l'avanguardia del Movimento". Nel suo curriculum un progetto a Roma con Alba Gonzales. Il nome di Foschi è legato all'opera del Mistero, la Pietà. La spiega lo stesso maestro: "La Pietà" non può né essere ripresa con videocamere, né essere fotografata. Il motivo di questo divieto è da ricercarsi nella natura stessa del dipinto, razionalmente inspiegabile, e nel fatto che l'opera è in continuo cambiamento. Apparsa come un negativo impresso sulla tela dopo l'asportazione del colore steso sulla superficie, presenta immagini che si rapportano tutte al tema della deposizione del Cristo, dei misteri cristiani, forme che nel corso del tempo, con un intervallo solitamente tra gli otto e i nove mesi, cambiano improvvisamente, si trasformano senza nessun intervento pittorico, per motivi ancora oggi ignoti".
Ha già pubblicato per Giorgio Mondadori il Catalogo "Davide Foschi. Metateismo. L' avanguardia del Movimento 2012-2015" a cura di Giammarco Puntelli, Milano 2015 ed è stato già biografato da Alberto Sacchetti, "Il Segreto di Foschi, l'artista tra luce e mistero" (Book Time); "AA.VV., "Non aver paura di dire..." (La Carmelina, eBook, 2015).
http://www.davidefoschi.it/bio/

SERGIO GESSI (Ferrara), docente Unife (http://docente.unife.it/sergio.gessi/curr): svolge attività giornalistica da oltre trent'anni, è iscritto all'Ordine dei Giornalisti come professionista e attualmente dirige i quotidiani online Siti (www.rivistasitiunesco.it) e Ferraraitalia (www.ferraraitalia.it). Dal 2002 è docente a contratto all'Università di Ferrara, dal 2012 tiene il corso di Etica della Comunicazione e dell'informazione.
E' stato responsabile dell'ufficio stampa del Comune di Ferrara, direttore del trimestrale di attualità e politica culturale "Siti" dell'Associazione italiana città Unesco, del quotidiano online Cronaca Comune, del periodico Piazza Municipale, del settimanale Ferrara&Ferrara; inoltre corrispondente di numerosi quotidiani, periodici, tv nazionali e locali (il Manifesto, l'Unità, il Sole 24 ore, Avvenimenti, 7 Gold, Gambero Rosso, Cuore,

la Nuova Ferrara, Luci della città, Supplemento d'indagine, Econerre, Portici...), nonché caposervizio del quotidiano "La Cronaca" di Verona. Svolge attività didattica, è stato utor alla Scuola superiore di giornalismo dell'Università di Bologna e ha avuto incarichi per l'insegnamento di Teoria e tecniche della scrittura giornalistica, Organizzazione e gestione degli uffici stampa e Analisi del linguaggio giornalistico e dell'informazione all'Università di Ferrara, all'Università Iulm di Milano, all'Istituto per la formazione al giornalismo di Bologna e alla Scuola superiore di giornalismo dell'Università di Bologna.

Nel novembre 2013 è stato relatore al convegno "Etica e comunicazione: appunti per una navigazione consapevole nell'era dell'informazione", organizzato a Roma dal ministero per lo Sviluppo economico.

Ha anche svolto attività di formazione e aggiornamento professionale per Ordini dei Giornalisti e Associazioni stampa di Valle d'Aosta, Veneto, Friuli Venezia Giulia, Emilia Romagna, Marche, Umbria, Basilicata.

Si è laureato a pieni voti nel 1990 in Scienze politiche all'Università di Bologna con una tesi di Filosofia morale sul rapporto fra etica e politica in Kant discussa con il professor Pier Cesare Bori.

http://www.ferraraitalia.it/author/sergio

ROBY (o Roberto) GUERRA, nato a Ferrara (Italia) nel XX secolo è scrittore, videopoeta e blogger, promotore dagli anni '80 del nuovo futurismo e per una nuova poetica prossima al transumanesimo. Tra le pubblicazioni: "Il Futuro del Villaggio. Ferrara città d'arte del 2000" (Liberty House,1991); "Opere Futuriste complete" (Nomade Pischico, 2000); "L'immaginario futurista" (Schifanoia, 2000); "Moana Lisa Cyberpunk", (EDS, 2010) "Marinetti e il duemila" e "Karl Marx futurologo," (in "AA.VV. Divenire 3 Futurismo e Divenire 4" a cura di R. Campa); 2009-2010; "AA. VV. Libro Manifesto, Per una nuova oggettività" a c. di Sandro Giovannini e altri (Heliopolis), 2011; "Futurismo per la nuova Umanità. Dopo Marinetti..." (Armando editore, 2012); "Futurismo e Transumanesimo. La poetica di Internet" (La Carmelina, 2014, ebook); "Fiori della Scienza XXX... (La Carmelina, 2015, eBook); "AA.VV., Al di là della destra e della sinistra..." (La Carmelina, 2014, in eBook Urfuturismo, 2014); "Gramsci 2017" (Armando editore, 2014, ebook); "AA.VV., La Grande Futurista" (a cura di R. Guerra), La Carmelina, ebook, 2014. Ha co-curato con Antonio Saccoccio, "Marinetti 70. Sintesi della critica futurista" (Armando

editore, 2015).
http://futurguerra.blogspot.com

ZOLTAN ISTVAN (1973) è uno scrittore americano, futurista, e filosofo transumanista, ha collaborato e scrive per "Psychology Today," "Transhumanist Future, "National Geographic Channel", "Motherboard", The Huffington Post." Egli è l'autore di The Transhumanist Wager, E' candidato come Indipendente e con il neonato Transhumanist Party alle presidenziali degli Stati Uniti, 2016 Autore di Bestseller "visionari" (www.transhumanistwager.com). Americano di origini ungheresi, all'età di 21 anni ha iniziato un viaggio personalissimo in tutto il mondo. Il suo carico principale erano 500 libri selezionati con cura, per lo più classici. Ha esplorato più di 100 paesi, molti come giornalista per il National Geographic Channel. I suoi lavori sono stati anche presentati da The New York Times Syndicate, Fuori, San Francisco Chronicle, BBC Radio, NBC, ABC, CBS, FOX, Animal Planet, e Travel Channel. Oltre al suo lavoro, premiato per il reportage sulla guerra in Kashmir, ha guadagnato l'attenzione di tutto il mondo per la divulgazione del pionieristico sport estremo del Vulcano "boarding". Zoltan in seguito è diventato regista per il gruppo Conservation International WildAid, unità di pattuglie armate per fermare il commercio illegale (un miliardo di dollari) di animali e fauna selvatica nel sud est asiatico. Tornato in America, ha iniziato a lavorare con varie aziende di successo, dallo sviluppo immobiliare, al cinema, alla viticoltura, unendoli sotto la sigla ZI Ventures. È un filosofo e studioso di religione, laureato alla Columbia University e risiede a San Francisco con la figlia e la moglie.
https://en.wikipedia.org/wiki/Zoltan_Istvan

ROBERTO PAURA (Napoli, 1986) è presidente dell'Italian Institute for the Future (Manifesto http://www.instituteforthefuture.it), erede del Club di Roma di Aurelio Peccei) e direttore della rivista FUTURI, prima rivista italiana dedicata ai "futures studies" e agli scenari di lungo termine, segnalata dalla Fondazione Città della Scienza http://www.cittadellascienza.it/. Laureato in Scienze politiche e Relazioni internazionali, dal 2011 collabora con la stFondazione Idis-Città della Scienza nel settore della comunicazione e per l'organizzazione della manifestazione annuale "Futuro Remoto". Giornalista pubblicista, è stato editorialista scien-

tifico per Fanpage.it ed è redattore delle riviste Delos Science Fiction, Quaderni d'Altri Tempi e Query, la rivista del CICAP, di cui è membro. Tra i suoi ultimi libri si segnala "Futuro in progress" (IIF Press, 2013). Cura per l'IIF la rivista Futuri; L'IIF L'Italian Institute for the Future (IIF) è un'organizzazione no-profit con l'obiettivo di elaborare scenari e previsioni sul futuro e promuovere politiche sostenibili e di lungo termine per l'Italia del domani. In questo senso s'ispira alla tradizione dei centri di futures studies diffusi in diversi paesi del mondo, con la differenza di non limitarsi a studiare e analizzare i diversi possibili futuri, ma di aiutare a costruire il miglior futuro possibile. Un autentico movimento per il futuro, come intende essere l'IIF, deve porsi il compito di proporre delle proprie visioni di lungo periodo e di indicare, proporre e possibilmente far adottare tutti i mezzi necessari affinché queste visioni si traducano in realtà.
http://www.instituteforthefuture.it/author/roberto-paura/

EMMANUELE J. PILIA Nato a Civitavecchia nel 1985, si forma nella Facoltà di Architettura Valle Giulia, università degli studi di Roma la "Sapienza". Interessato alle contaminazioni tra cybercultura, epistemologia ed estetica, è particolarmente attento alle espressioni architettoniche ed artistiche che raccolgono l'eredità situazionista e la sfida neo-utopista della corrente di pensiero transumanista. Dal 2008 è Art Director della rivista di epistemologia Divenire, rassegna interdisciplinare di studi sulla tecnica e il postumano (http://www.divenire.org) pr la quale cura il progetto grafico e scrive diversi saggi. Nello stesso anno, fonda a Ladispoli, assieme a Emanuele Sbardella, l'associazione culturale Emergenze, con la quale progetta diversi eventi artistici. Dal 2009, collabora con la cattedra di disegno dell'architettura tenuta dal prof. Fabio Quici. Nel 2010 fonda, assieme a Monica Calvarese, Marika Onofri, Giulia Santucci, Luigi Viapiano, l'associazione culturale Origami che presiede. Recentemente ha lanciato per l'Associazione Italiana Transumanisti, il Laboratorio "Alta" di Transarchitettura e dal 2015 e dal 2015 è Direttore esecutivo dell' AIT stessa. Ha pubblicato "Attra-Verso un'architettura. Da Le Corbusier ai nuovi paradigmi " "in "AA.VV., Divenire 2, Transumanismo e società, "Una rovina perpetua" in "AA.VV., Divenire 4, Superare l'Umanismo, e curato "Asian Lednev: Creatore di Mondi" (Avanguradia 21, 2011), sull'artista e architetto Fabio Fornasari, mostra presentata anche in versione Second Life. Nel 2015 ha promosso con l'AIT e altre associazioni futuribili, "Longevity Day" a Roma. Cura la casa editrice Deleyva. www.piliaemmanuele.wordpress.com

CRISTIANO ROCCHIO (Università di Tubinga, Germania). Padovano (1971), si è laureato in Filosofia nel 2000 presso la Facoltà di Lettere e Filosofia dell'Università degli Studi di Padova con una tesi sulla dottrina degli status quaestionis. Si è poi dedicato a Erasmo da Rotterdam, traducendo il "De copia verborum ac rerum". Nel 2010, al convegno "L'Utopia di Cuccagna" organizzato a Rovigo dall'Associazione Culturale Minelliana, ha presentato un intervento sulla "Genesi dell'Utopia nella Minera del mondo di Bonardo" e sul "De copia". Ha pubblicato (Aracne edizioni): (2011) "I binari della persuasione. Elementi di invento"; (2014) "La Ribellione Umanista," postfazione del Professor Achille Olivieri; (2014) "L'ora dei ricordi. Cent'anni dalla Grande Guerra", a cura di Elisa Ruggiero, (2014). "AA.VV., Non aver paura di dire. Il coraggio dell'indicibile 2.0" (La Carmelina, eBook, 2015); AA. Posthuman Time (La Carmelina, eBook, 2015)- Da segnalare nel 2014, 2015 e 2016, conferenze a Padova e Univ. di Tubinga sul transumanesimo, il futurismo e l'avanguardia. http://www.aracneeditrice.it/aracneweb/index.php/autori.html?auth-id=239079

GENNARO RUSSO, Napoli, 1956. Co-fondatore e presidente di TRANS-TECH srl, PMI innovativa dedicata al trasferimento tecnologico, a progetti ad altissima tecnologia e al turismo spaziale, è responsabile del settore Spazio e coordinatore della Formazione del Distretto Aerospaziale della Campania (DAC). È vice-presidente dell'Italian Institute for the Future e direttore generale del Center for Near Space, rispettivo centro di competenza per lo Spazio. È stato dirigente del Centro Italiano Ricerche Aerospaziali (CIRA) dove per 25 anni si è occupato di programmi, sistemi e facility spaziali con particolare riguardo al lancio in orbita e al rientro atmosferico. È stato progettista e responsabile del programma PRORA USV per lo studio e sperimentazione in volo di tecnologie innovative, e dell'impianto Plasma Wind Tunnel SCIROCCO da 70 MW capace di replicare le condizioni aerotermodinamiche in fase di rientro atmosferico dall'orbita bassa. Laureato alla Federico II Napoli in Ingegneria Aeronautica e addottorato alla Sapienza in Ingegneria Aerospaziale, ha cominciato la carriera nel Team di Microgravità di Luigi G. Napolitano con diversi esperimenti sui "Flussi alla Marangoni" realizzati a bordo di Space Shuttle/Spacelab. È membro dell'International Academy of Astronautics (IAA), membro internazionale dell'Expert Team della Chinese Society of Astronautics (CSA).

ANTONIO SACCOCCIO (Roma, 1974), ricercatore ciberculturale compositore, scrittore, net.artista, (Università Tor Vergata, Roma). Ha pubblicato: "AA.VV. Manifesti Netfuturisti" (Avanguardia 21);) con A. Pantano - "A che serve il denaro? Pound e Marinetti contro affarismo e denarocentrismo" (Avanguardia 21), "AA.VV., Marinetti 70. Sintesi della critica futurista", a cura di A. Saccoccio e R. Guerra (Armando editore, 2015); Debord e il Situazionismo revisited...", a cura di A. Saccoccio (Massari, 2015); lavori vari di "poesia sonora" (Avanguardia 21). Cura con altri la casa editrice Avanguardia 21 (Roma) e il Movimento Arte Vaporizzata (Roma-Venezia-Torino...). Ha pubblicato su riviste on e off line numerosi articoli e saggi sul Futurismo, ha partecipato a conferenze, convegni e rassegne nazionali e internazionali (Università degli Studi di Genova, Rutgers University, Università Roma Tre, Universidad Complutense de Madrid, Università di Foggia, Carl von Ossietzky Universität Oldenburg, NeMLA, Usa ecc.) anche in altri centri di cultura (Musei Capitolini di Roma, Conservatorio "A. Casella" di L'Aquila, Eur Palazzo dei Congressi, Klaviere Backaus di Brema). Ha curato "Eredità e attualità del futurismo" (Roma, 2013). Fondatore del Net.Futurismo, tra i curatori della casa editrice Avanguardia 21, è autore di composizioni letterarie liriche e parolibere, oltre che di diversi manifesti programmatici, pubblicati in volumi internazionali. Ha realizzato numerosi brani elettrorumoristici, opere concettuali e installazioni multimediali esposte in diversi eventi nazionali.
Info: http://liberidallaforma.blogspot.com

SOL, Nasce, sbagliando secolo e meridiano geografico, in un piccolo paese sul confine italo-francese.
Refrattario all'approccio accademico canonico, si dedica molto presto a una personale ricerca culturale e spirituale che lo porterà, nel corso degli anni, ad avvicinarsi a scuole iniziatiche e movimenti mistici essoterici ed esoterici, da oriente a occidente. Si occupa di religione, filosofia, psico-

logia, matematica, arte e storia militare, oltre a essere un appassionato scacchista e giocatore di Go.
Ha all'attivo numerosi articoli, saggi, traduzioni, collaborazioni con siti, portali e riviste di vario genere.
Nel 2014 pubblica la sua prima antologia narrativa, Effimero Panico.
Powerlifter, Atleta agonista di Arti Marziali Miste, ha iniziato praticando Kenpo tradizionale di Okinawa, American Kenpo e Wing Chun di scuola Pan Nam con il quattro volte campione mondiale A. Cortani.
Sotto la guida del M° Fabio Forte pratica Mway Thai, Kyokushinkai e Boxe, Brasilian Jiu Jitsu nel team del Mestre brasiliano Giuliano da Silva, Panantukan e Doce Pares con il Maestro filippino Arnel Zamuco.
Ha combattuto nella categoria pesi massimi e medio-massimi nei circuiti ADCC Shooto, FISCAM, WAPSAC, FIKBMS e FIMT. È arbitro ufficiale per la FFKMDA Francia e, dal 2016, segretario MAA International per il settore MMA.
Nel 2016, assieme a Ivan Bruno e Fiona Wiegersma, fonda l'Associazione Artistica e Culturale Hyperion.

SEAN CLANCY, (Usa) attualmente lavora presso l'università di Shangai (Cina), già docente presso il Dipartimento di Filosofia dell'Università di Syracuse (NY). I suoi interessi professionali riguardano l'etica normativa e conoscitiva, la psicologia morale e l'intersezione dei due, con particolare attenzione anche alla filosofia dell'Intelligenza Artificiale. Nel 2015 ha partecipato a Tubinga (Germania) a un convegno sul transumanesimo e la filosofia. Ha pubblicato diversi testi e ricerche accademiche specializzate
https://sites.google.com/site/seanclancyphilosophy

MARCO TETI originario di Catanzaro, residente a Ferrara, è dottore di ricerca in Discipline cinematografiche. Collabora con la cattedra di Storia del cinema dell'Università di Ferrara, dove insegna anche Progettazione e produzione multimediale e con l'Università di Bologna. Ha pubblicato "Lo specchio dell'anime. L'animazione giapponese di serie e il suo spettatore" (Cleub, Bologna, 2009); "Generazione Goldrake" (Mimesis, 2011); "Alchimie Digitali", con VitalianoTeti (Città del Sole, 2012). È tra gli organizzatori del festival internazionale di videoarte The Scientist. Suoi articoli e saggi sono apparsi sulle riviste "Annali di Lettere", "Gor-

gòn", "Noema", "Ocula" e altre. Nel 2017 ha pubblicato nel collettaneo: Scenari tecnologici. Matrix, la fantascienza e la società contemporanea (Avanguardia 21).
http://www.thescientistvideonet.it

VITALIANO TETI originario di Catanzaro, residente a Ferrara, è un artista contemporaneo nel settore della video arte e della videodanza, curatore di eventi di arte digitale, borsista di ricerca e docente accademico. Dal 2007 ha fondato l'Associazione culturale Ferrara Video&Arte e cura come art director "The Scientist" il video festival internazionale di Ferrara in collaborazione con Unife, Comune di Ferrara, Regione E. Romagna, erede dello storico Centro videoarte di Ferrara. Nelle diverse edizioni del festival ha realizzato una retrospettiva sul Centro videoarte di Ferrara con video di Fabrizio Plessi, Giorgio Cattani, Maurizio Camerani, Marina Abramovic e con M. M. Gazzano video di Bill Viola, Nam June Paik, i Wasulka; presentato video de Il Coreografo Elettronico di Napoli, il festival Loop di Barcellona, le Accademie di Belle arti di Ginevra, di Weimar, di Colonia, di Bologna, Roma e "Brera" di Milano, di Alessandro Amaducci, Masbedo, Laurina Paperina, Marinella Senatore, Alterazioni Video, Federica Falancia, Zimmer Frei, Massimo Arduini, il collaboratore stesso Filippo Landini; invitato critici d'arte elettronica internazionali come Mariana Hormaechea, Wilfred Agricola de Cologne, Chiara Canali, Marco Maria Gazzano con. Alcune sue curatele da "The Scientist" sono state presentate anche a livello nazionale e internazionale, ad esempio a Siviglia e Barcellona (Spagna), Los Angeles e New York, Milano (Transvision 2010 a cura del futurologo Giulio Prisco). Ha curato live media e eventi di arte contemporanea con la R.T.A col Comune di Ferrara, presso la Porta degli Angeli gallery. Come videomaker ha prodotto diversi altri video artisti scelti tra i più talentuosi studenti dell'Università di Ferrara Nel 2011/12 ha prodotto il documentario di Alessandro Raimondi "Un murales una storia", nel 2013 (con C.Breda)presentato alla Casa del Cinema di Roma il cortometraggio '"Elegia del Po di Michelangelo Antonioni", omaggio per il centenario della nascita del regista. Nel 2015 è stato protagonista nella importante collettiva video-digitale di Roma, Ri_Bâtiment in moving 3. Ha già pubblicato "Alchimie Digitali", con Marco Teti, Città del Sole, 2012.
http://www.thescientistvideonet.it

BRUNO V. TURRA, di Novi Ligure, sociologo di formazione e libero professionista, nel corso degli anni ho maturato una competenza personale che integra conoscenze e saperi mutuati dalle discipline sociali, formative, gestionali e organizzative. Una esperienza come docente (Univ. di Trento) e oltre 10 anni impegnati come ricercatore, consulente e manager di note aziende, Arcadia Consulting Srl, AIV - Associazione italiana di valutazione, in precedenza emme&erre spa. Ha promosso e cura con altri ricercatori il sito Valutazione.net, scrive su Ferrara Italia. *Imprese memorabili - Il primo progetto di miglioramento organizzativo in un Ufficio Giudiziario - Procura della Repubblica di Bolzano, riconosciuto come buona pratica nazionale ed europea. Ha pubblicato, tra altro, un breve saggio in "AA. VV., Posthuman Time. Il futuro presente" (La Carmelina, 2015).
http://www.ferraraitalia.it/author/bruno

GIOVANNI TUZET, nato a Ferrara nel 1972, insegna Filosofia del diritto presso l'Università Bocconi di Milano. Oltre a numerosi articoli e scritti di filosofia e letteratura, ha pubblicato alcune raccolte di poesia: "365-primo (Liberty House, Ferrara 1999), 365-secondo (Liberty House, Ferrara 2000) e 365-terzo (Raffaelli, Rimini 2010), più alcune plaquettes fra cui Male lingue (Circolo culturale Menocchio, Pordenone 2009) e Trazioni (Christophe Chomant Éditeur, Rouen 2010). Oltre al saggio critico letterario futuristico "A Regola d'Arte" (Este Edition, Ferrara, 2007) e alcuni saggi di scienze giuridiche e sociali.
http://www.este-edition.com/prodotti.php?idProd=277

MAURIZIO GANZAROLI, (Ferrara) è scrittore, poeta, pittore e videopoeta. Ha ricevuto riconoscimenti nel mondo della poesia: Menzione di Merito Premio Internazionale Antonia Pozzi; Primo Premio Assoluto Premio Internazionale Monte Pagano.
Ultimamente la sua poesia " il Vento" incisa su ceramica è stata cementata al muro di una casa del borgo di Monte Pagano con cerimonia ufficiale. Come scrittore è stato recensito sui varie riviste, blog, siti e giornali sia cartacei che virtuali, ha scritto: "Gli occhi dell'amore" (Cultura 2000) raccolta di poesie,Nebbie d'altri mondi" (Ibiskos edizioni) racconti, "Buoni motivi per non dormire" (Ferrara). Ha partecipato a diverse edizioni

collettive con vari scrittori ferraresi, italiani e stranieri di grande livello, con uno o più racconti: "Schegge d'utopia" (la Carmelina editrice), "Per una nuova Oggettività" (con un saggio di Geofilosofia), a cura di Sandro Giovannini (Heliopolis editore), "Post Human Time" (La Carmelina editrice). Scrive inoltre articoli da diversi anni che trattano l'arte, la musica, i misteri e l'archeologia misteriosa. Ha collaborato con diversi blog e siti tra cui: "Comacchio web", "Hack the Matrix". Ha curato la webzine di fantascienza e fantasy "Sands From Mars". Come pittore ha esposto in diverse città: Pesaro, Galatone, Castell dell'Ovo(Napoli), Castel arcuato, Roma, Milano, Cavallino Tre Porti (Venezia), Aalts (belgio), al Mediolanum Art Gallery di Padova del famoso critico d'arte Giorgio Grasso, Modena, Forlì ed altre.

È incluso in diversi cataloghi dell'Accademia Santa Sara di Flavio De Gregorio, Cavaliere della Repubblica. Ha vinto premi e le sue opere fanno parte di diverse collezioni private.

La sua opera molto apprezzata dal titolo ULTIMO CASO NUMERO UNO è entrata a far parte della pinacoteca comunale di Monte Pagano degli Abruzzi. Ha partecipato come attore nel film "Nel nome del popolo Sovrano" di Luigi Magni, in diversi cortometraggi indipendenti, e ha collaborato anche come scenografo, runner, location manager, soggettista e sceneggiatore. Ha curato e realizza diverse video poesie. Come artista inoltre è stato al quarto posto come personaggio dell'anno nel concorso indetto dalla Nuova Ferrara nel 2015 e 2017, primo posto nel 2016.

STEFANO VAJ; (Milano, 1960), giornalista, saggista e docente universitario, dirigente dell'Associazione Italiana Transumanisti, noto professionista milanese. Ha pubblicato "Biopolitica", 2005, Milano; "Dove va la biopolitica?", Settimo Sigillo, 2008, Roma; "AA. VV. Divenire I-V (Sestante edizioni)"; "Biopolitics. A transhumanist paradigm" (La Carmelina, 2014, in inglese); "AA.VV, libro manifesto Per una Nuova Oggettività (Heliopolis, 2011); AA.VV., Al di là della destra e della sinistra... (La Carmelina, 2013); AA,VV. Posthuman Time. IL futuro presente" (La Carmelina, 2015). Ha collaborato e-o collabora con La Gazzetta Ticinese, Nouvelle Ecole, La Padania, Letteratura-Tradizione, Rinascita, Transumanar, Dissenso, Il Candido. Traduttore (ad esempio di Il sistema per uccidere i popoli di Guillaume Faye), curatore (ad esempio di Definizioni di Giorgio Locchi). Già responsabile italiano del Sécretariat Etudes et

Recherches del Groupement de Recherche et Etudes pour la Civilisation Européenne (GRECE) e segretario del circolo milanese Quarto Tempo, ha animato con Faye il Collectif de Réflexion sur le Monde Contemporain, ed è oggi consigliere nazionale dell'Associazione Italiana Transumanisti e membro dell'associazione culturale Terra Insubre. Coneferenziere, ha - tra numerose iniziative, ha partecipato a Transvision 2010, MIlano, Convegno internazionale transumanista e Space Renaissance Italia, convegno dell'omonima associazione di umanisti spaziali, 2014, Milano e a London Futurist (2015).
http://www.divenire.org/autore.asp?id=3

NOTE DEI CURATORI

Dopo un certo ritorno della matrice storica dell'avanguardia futurista, tra le nuove tendenze culturali in Italia, a partire dal duemila, nuovi ricercatori futuribili, testimoniano a livello culturale scientifico tale "ritorno del futuro", contro un andazzo implosivo del nostro tempo defuturizzato: per nuove mappe *in progress*.

Questo libro collettaneo è una ricognizione sull'area futuribile contemporanea italiana (tranne un paio di bonus americani): i cosiddetti transumanisti Riccardo Campa e Stefano Vaj (dinamiche sociologiche e postumane), Ada Cattaneo (per una transumanesimo magico-sociale), Emmanuele Pilia (transumanesimo e bioetica, confutazione di certo fondamentalismo). Oltre ai netfuturisti digitali Antonio Saccoccio, Stefano Balice e chi scrive. Da segnalare il celebre Zoltan Istvan, futurista americano e autore del bestseller "Transhumanist Wager" (uno scritto sul Transumanesimo del futuro e il nodo religioso) e il giovane filosofo, sempre statunitense, Sean Clancy (contributo sul transumanesimo e la tecnoscienza come ricette contro la crisi della politica). E parallela/i ai transumanisti radicali, ecco la futurologia scientifica nei "focus" dei vari Roberto Paura e Gennaro Russo (dell'Italian Institute for the Future, erede della futurologia "classica", da R. Jungk, M. McLuhan e A. Toffler a S. Ceccato, R. Vacca e il Club di Roma di A. Peccei) o Adriano Autino, di Space Renaissance, per un nuovo rinascimento spaziale. Da rilevare anche gli interventi di certi sociologi ciberculturali: Bruno Turra (volo futurizzante e pragmatico), quella mediatico di Sergio Gessi, giornalista web e del giovane geopolitico Lorenzo Barbieri (sui Big Data). Non ultimo, al passo con certa fantascienza o nuovo immaginario tecnoscientifico i testi dei vari Sandro Battisi, Vitaldo Conte, Giovanni Tuzet, Maurizio Ganzaroli, Tonino Casula (pioniere del video), Marco e Vitaliano Teti, gli stessi Ivan Bruno e Sol fino alle scansioni storiche e neorinascimentali di Davide Foschi, Cristiano Rocchio e Pierfranco Bruni (del Mibact). In pillole, dal futurismo al futuro con in principio la scienza, come umanesimo scientifico nel suo divenire postumano sulla scia dei nuovi paradigmi internazionali futuribili ed evoluti, per futuri scenari alternativi desideranti e conoscitivi a livello psicosociale.

Roberto Guerra

Benedetto Croce: oggi le sue tesi (estetiche e letterarie) sono delle premesse che vanno chiaramente riconsiderate ma manca da parte di Croce un approccio metodologico alla letteratura contemporanea. Questa mancanza di metodologia ce lo rende chiaramente inattuale e non dal punto di vista ideologico ma proprio per mancanza di argomenti letterari su una base scientifica."

Il Postfuturismo è quello che è stato dopo? Oggi ancora c'è Futurismo. Oramai sono oltre quarant'anni che attraverso i linguaggi e scrivo e vivo scrivendo e cercando tra le parole un senso dell'essere. Sono un futurista che ha sperimentato le diverse esperienze. Anzi, mi sento un futurista che non ha mai smesso di pensare alla rivoluzione dei linguaggi e la mia poesia e la mia narrativa, attraverso proprio la scrittura, nascono da una costante scavatura nella parola futurista.

Pur abitando altri luoghi dei saperi incrociati il mio linguaggio parte, non potrebbe essere diversamente, dalle radici futuriste e grazie soprattutto a Francesco Grisi ho penetrato anche l'essere del personaggio futurista.

Pierfranco Bruni

SEGUI LE INIZIATIVE E I CONCORSI SUL NOSTRO SITO

associazionehyperion.altervista.org

E SUL FORUM

forumhyperion.altervista.org

www.ingramcontent.com/pod-product-compliance
Lightning Source LLC
Chambersburg PA
CBHW020650220526
45464CB00001B/371